Paula Polak

Englische Gärten – naturnah und wild interpretiert

Gedruckt auf
100% Recyclingpapier

Paula Polak

Englische Gärten – naturnah und wild interpretiert

Neue Naturgärten mit britischem Charme

pala verlag

Inhalt

Nice to meet you – **Herzlich willkommen!** **9**
Wozu dieses Buch? 10

Long history, short story –
Eine kurze Geschichte der englischen Gärten **13**

The living garden –
Eine kurze Beschreibung des naturnahen Gärtnerns **19**
1. Bitte kein Gift 19
2. Bitte kein Torf 20
3. Bitte im Kreislauf 20
4. Wildpflanzen für alle Fälle 20
5. Wildpflanzen für jede Jahreszeit 23
6. Wildpflanzen aus vielen Familien 25

What is different? –
Wildlife Garden und mitteleuropäischer Naturgarten **28**

Englische Gärten gestalten – aus Fläche wird Raum **33**

Lawn and meadow – **Der englische Rasen, oder?** **34**
Warum ist der Rasen in England so bedeutend? 35
Streifen und Rasenkanten 35
Die Zukunft des englischen Rasens? 37
Zwei Schönheiten für die heimische Wiese 40

Borrowed Landscape – **Blickachsen, Ausblicke und Einblicke** **42**
Mit Gräben und Mauern 44

Mit zarten Zäunen 47
Oder doch dicht? 49

Connections – **Wege und Plätze** **52**
Der Weg ist das Ziel, oder? 53
Der Sinn des Weges ist, ein Weg zu sein 54
Der zweitbeste Weg 57
Beispiele für die Wegegestaltung – vom Großen ins Kleine 58

Ups and downs – **Höhensprünge** **64**
Mauern 64
Treppen 67

Through the Looking-Glass – **Durchgänge** **70**

Very British! – **Follies und andere Goodies** **74**
Follies 74
Kein Platz für ein Folly, aber doch ein bisschen Kunst? 77

Water for life – **Wasser in englischen Gärten** **80**
Baden ist schön 85

Let's have a walk! –
Ein Spaziergang durch die Gartenräume von Wollerton Old Hall **88**
Dahlien und Sonnenhüte 90
Hortensien 92
Ein kleiner Gartenraum mit Buchs und Rosen 93
Naturnah auf kleinstem Raum 96
Eine Bank mit hohen Stauden 97
Storchschnäbel 101
Wasser 101
Eine Einladung 103

Englische Gärten gestalten – die Pflanzen! **107**

The English Rose – **Rosen für jeden Garten, ob groß oder klein** **108**
Rosen in Fülle und Vielfalt 109
Kletterrosen 112
Rosenbegleiter 114

More than Roses – **Kletterpflanzen** **116**
Schöne Beispiele 116
Hanging Baskets 120

A vegetable a day … – **… keeps the doctor away – Gemüse und Co.** **122**

Cozy cottage feeling – **Das Gefühl, nach Hause zu kommen** **126**
Mischpflanzung 127
Gestaltungsvorschlag für einen sonnigen Vorgarten 130
Gestaltungsvorschlag für einen halbschattigen Vorgarten 134

You mix it, you fix it – **English Borders** **136**
Gestaltungsvorschlag für ein Border im Stil von Gertrude Jekyll 138
Beispiele für gelungene Borders von der Insel 141
Gestaltungsvorschlag für einen weißen Garten 151

A light here required a shadow there – **Waldgärten** **154**

Poor soil grows rich flowers – **Kiesgärten** **160**
Delos – der Kiesgarten in Sissinghurst 161
Gestaltungsvorschlag für einen Vorgarten im Stil von Delos 164

See you again – **Schlussworte** **169**

Die Autorin **171**
Die Gärten im Buch **172**

M896 YCR

Nice to meet you

Herzlich willkommen!

Bücher sind einfach essentiell – und dieses hier gründet auf meiner Liebe zu allem Englischen. Na ja, zu fast allem, auf den Brexit oder auf »Toad in the hole« könnte ich verzichten. But: since I've read my first Agatha Christie at the tender age of 11 I'm hooked.

Britinnen und Briten sind oft »quirky«, also schrullig, oder einfach selbstbewusst, ohne viel auf die Meinung anderer zu geben. Oft zeigen die englischen Gärten diesen Individualismus, der manchmal auch vor Kitsch nicht zurückschreckt, aber immer funktioniert. Dazu kommt eine tiefe Liebe zu den Details der Gartengestaltung mit einer jahrhundertelangen Geschichte dazu. Blühzeitpunkte, Blattfarben und Blattformen, feine Farbtöne von Staudenkombinationen und überraschende Ein- und Ausblicke wirken oft zufällig, gründen aber tatsächlich in minutiöser Planung. Diese Liebe zum Garten, zur Gestaltung mit Pflanzen findet man überall: Englische Pubs liefern sich landesweit Wettbewerbe um die prächtigsten »Hanging Baskets« und handtuchgroße Vorgärten nutzen auch schon 10 square inches, um ein Töpfchen aufzustellen, das entspricht immerhin einer Fläche von etwa 8 × 8 Zentimetern. Dazu die Parks in London und in allen anderen Städten, Cottage Gärten im ganzen Land oder die großen Gartenanlagen berühmter Gärtnerinnen und Gärtner oder adeliger Familien.

In den letzten Jahren habe ich mehr als 50 Gartenanlagen in Großbritannien besucht und fotografiert, dazu bin ich tagelang durch London gestreift, nein, eigentlich gerannt, um möglichst viele Ideen einzufangen. Hat Spaß gemacht. Die folgenden Kapitel können zwar nicht diese große Vielfalt abbilden, aber einen Einblick geben. Je leichter umsetzbar ein Element auch in mitteleuropäischen Gärten ist, desto ausführlicher wird es behandelt. Schließlich soll es zum Nachmachen anregen.

An dieser Stelle möchte ich mich ganz herzlich bei unserem österreichischen Paradegärtner Karl Ploberger bedanken. Er stellt einfach die wunderbarsten Gartenreisen zusammen, wählt aus fast unendlich vielen schönen Gärten die Kronjuwelen aus und fasst sie in eine blühende Kette. Er ist Autor vieler, vieler Bücher und hat sofort angeboten, mir Fotos zur Verfügung zu stellen. Kein Neid unter Kolleginnen und Kollegen, sondern »sharing is caring«. Danke, lieber Plo.

Wozu dieses Buch?

Bücher über englische Gärten gibt es ohne Ende, wozu also ein weiteres? Dieses vorhandene Angebot an Büchern ist der Grund, warum ich allgemeine und geschichtliche Informationen über englische Gärten im Folgenden sehr kurz halte. Vielleicht kann mein Buch aber bei Ihnen – wenn nicht bereits vorhanden – die Britophilie wecken und den Wunsch, tiefer in englische Gärten einzutauchen.

Neu in meinem Buch ist aber tatsächlich der naturnahe Aspekt. Manche Bereiche englischer Gärten sind an sich schon etwas naturnah, nicht überwiegend, aber immerhin teilweise auch mit heimischen Pflanzen bestückt, und dürfen manchmal auch etwas wild, nicht allzu geordnet sein, denn das wirkt romantisch, verwunschen. Das ist schon eine gute Basis, um zu versuchen, den Charme der englischen Gärten naturnah zu interpretieren: Einfach gesagt, ich will einiges abkupfern und im Sinne der Biodiversität in Richtung Naturgarten weiterentwickeln.

Damit möchte ich auch ein bisschen dem Irrglauben begegnen, ein Naturgarten sei zwar wertvoll für die Tierwelt, aber leider kein schöner Anblick. Österreicherinnen und Österreicher behaupten manchmal, ein Naturgarten sei eine »G'stättn« – das kann schon manchmal so sein, muss aber nicht. »G'stättn«, also ungepflegte Ruderalflächen, sind für Insekten, Vögel und andere Tiere durchaus wertvoll, allein schon die teils offenen Böden sind ein Angebot an bodennistende Wildbienen.

Nur widerspricht dieser Anblick manchmal unseren Vorstellungen vom schönen Garten. Die Prinzipien des Naturgartens lassen sich aber auf alle Bereiche eines Gartens anwenden, auch unter Berücksichtigung des Schönheitsempfindens vieler Gartenbesitzer und Gartenbesitzerinnen. Von farbbetonten Staudenbeeten bis zu Einfassungshecken, Wassergärten, Senkgärten und vieles mehr: Alles ist naturnah möglich – ein idyllischer Garten, der Menschen glücklich macht, mit maximalem Nutzen für die Biodiversität.

Ein Sonderfall ist der berühmte englische Rasen – den kann man tatsächlich so, wie er auf vielen Fotos grün leuchtet, nicht nachbauen, ohne Naturgarten-Regeln zu verletzen. Ob die für diese Rasenteppiche nötige Beregnung in Zukunft überhaupt noch erlaubt sein wird, ist aber ohnehin fraglich. Deshalb ist es schon jetzt sinnvoller, in Hinblick auf Klimawandel und Biodiversität alternative Lösungen zu finden.

Den vermaledeiten Klimawandel müssen wir ohnehin berücksichtigen, indem wir einerseits Pflanzen einplanen, die weniger wasserbedürftig sind, und andererseits die eine oder andere Art, der es bisher in Mitteleuropa zu kalt war, verwenden. Alles ist im Fluss und wir tun gut daran, mitzuschwimmen.

Jedenfalls: Kommen Sie mit auf eine spannende und inspirierende Reise und teilen Sie gerne nach der Lektüre Ihre Eindrücke mit mir.

Ihre Paula Polak

Long history – short story

Eine kurze Geschichte der englischen Gärten

Für jedes »Wie« gibt es ein »Warum«. Warum sind die englischen Gärten so, wie sie sind? Welche biogeografischen Gegebenheiten, historischen Entwicklungen und menschlichen Eigenschaften haben England zu dem Gartenland schlechthin gemacht? Darauf gehe ich im Folgenden kurz und vereinfacht ein. Nähere Informationen finden Sie dann auch bei den einzelnen Elementen der englischen Gärten ab Seite 34.

Unsere Vorstellung eines englischen Gartens bezieht sich zuvorderst auf den englischen Landschaftsgarten, ein Gestaltungsstil, der sich im 18. Jahrhundert als Gegenentwurf zum formalen Barockgarten entwickelte. Vielleicht entstand er auch, um sich von Frankreich, einem der Hauptvertreter formaler Gärten, abzuheben, denn England und Frankreich hatten über die Jahrhunderte kein besonders freundschaftliches Verhältnis miteinander.

Französische (Barock-)Gärten sollten den Prachtbauten der absolutistischen Herrscher, wie etwa Schloss Versailles, den idealen Rahmen geben. Sie zeichneten sich durch exakte geometrische Formen aus. Beete wurden als Parterre gestaltet, das sind terrassenartige Flächen direkt am Schloss, im besten Blick von der Beletage, den Räumlichkeiten der Herrschenden. Dazu brauchte es exakt beschnittene Büsche und Bäume, ornamentale Rasenflächen und ein paar Wasserspiele. Der Herrscher bestimmt, und die Natur steht stramm.

Der englische Landschaftsgarten dagegen sollte das Ideal einer idyllischen Landschaft darstellen, eine Überhöhung sozusagen. Der Garten sollte optisch Teil der umgebenden Landschaft sein, die häufig aufgrund von Beweidung aus großzügigen Wiesenflächen bestand. Dazu Hecken als Abgrenzung zu Straßen, im Hintergrund ein Wäldchen. Das findet sich als »Borrowed Landscape« auch in neueren Gartengestaltungen. Um das Vieh am Äsen in Blumenbeeten zu hindern, wurden Gräben und versenkte Mauern so eingepasst, dass sie vom Garten aus nicht zu sehen waren.

Bilder links: Ein Torbogen lenkt den Blick zum Staudenbeet (oben).
Unten: Interessant und idyllisch ist der Gegensatz zwischen altem Gemäuer und Rosen, Fingerhut und Zierlauch (links) sowie Phlox, Köngskerzen und Ehrenpreis (rechts).

Barockgärten zeichnen sich durch strenge Blickachsen aus, der Blick wird geführt – sozusagen mit dem Lineal an den Horizont. Der Landschaftsgarten dagegen lockt den Blick – über die malerische Landschaft, über Hügel und Senken, durch interessante Elemente in die Ferne. Letzteres können kleine Zierbauten sein, sogenannte »Follies«, also künstliche Ruinen, Grotten, Türme oder Pagoden.

An sich ist »Landschaft«, bis auf eine kurze Phase im Frühling, nicht besonders reich an auffälligen Blüten. Blüten fehlten auch etwas im gestalteten Landschaftsgarten, worauf sich im letzten Viertel des 19. Jahrhunderts »Borders« entwickelten, die sich unter anderem dank Gertrude Jekyll auch heute noch enormer Popularität erfreuen. Sie sind sozusagen die Essenz des Englischen. Details dazu finden Sie im Kapitel »Borders« ab Seite 136.

»The Wild Garden« – und der Cottage Garden

Als Vater des Cottage Garden gilt der Ire William Robinson, der 1870 das Buch »The Wild Garden« schrieb, ein Gegenentwurf zum formalen Garten. Er hatte einen naturalistischen Zugang, Beete sollten langlebig sein und wurden mit ein- und mehrjährigen Arten so konzipiert, dass auch Sukzession möglich und sogar erwünscht war. Heimische und nicht heimische Stauden wurden in informellen »Drifts«, in schmalen Bändern, so kombiniert, dass sie in Form und Farbe einander ergänzten, nicht erdrückten.

Borders sind auch wesentlicher Teil des »Cottage Garden«, der englischen Version eines Bauerngartens mit einer bunten Mischung aus Blumen, Sträuchern, Rosen, Kletterpflanzen, Gemüse und Kräutern. Ein Cottage Garden funktioniert auf kleinstem Raum. Im Gegensatz zum weitläufigen Landschaftsgarten folgt er also einem sehr egalitären Konzept.

Eine Ursache für den Wunsch der Briten und Britinnen, sich ihr Paradies selbst zu schaffen, lag zunächst vielleicht in der relativen Artenarmut der indigenen Flora der Britischen Inseln. So weist Deutschland etwa 10 300 verschiedene indigene Arten an Farn- und Blütenpflanzen auf, mein Österreich, das nicht ganz ein Viertel der Fläche Deutschlands hat, schafft es auf etwa 3460 Arten. Die Insel Großbritannien misst etwa zwei Drittel der Fläche Deutschlands, man kennt dort aber nur 1625 indigene, also alteinheimische Pflanzenarten.

Die Ursache dafür liegt in der Trennung Großbritanniens von Kontinentaleuropa durch die Nordsee. Um als heimisch in Großbritannien anerkannt zu werden, muss eine Art vor der Trennung, vor etwa 450 000 Jahren, dort angekommen sein. Danach war die Insel lange von einem Eisschild bedeckt, sodass fast die gesamte Flora und Fauna, die es heute dort gibt, Großbritannien erst in den letzten 10 000 Jahren erreichte. So wurde zum Beispiel die Brennnessel vor rund 2000 Jahren durch die Römer eingeschleppt und mit ihr kamen Tagpfauenauge und Kleiner Fuchs, deren Raupen sich von Brennnesseln ernähren.

Als indigene Arten gelten auch in Mitteleuropa solche, die schon vor der letzten Eiszeit hier lebten. Arten, die nach der letzten Eiszeit ankamen und vor den Eroberungen verschiedener Weltgegenden durch die Europäer in der Region lebten (vor 1492), nennt man Archäophyten (für Pflanzen) und Archäozoen (für Tiere). Alle danach etablierten Pflanzen gelten als Neophyten.

In Kontinentaleuropa konnten und können Pflanzen wandern und sich auch dadurch evolutiv verändern, da es zwar natürliche Hindernisse, zum Beispiel die Alpen, gibt, diese aber Pflanzenmigration nur erschweren, nicht völlig verhindern. So kam es über die Jahrtausende zur Ausbreitung von Arten, zur Anpassung an unterschiedliche Standorte und auch zum Genaustausch zwischen den Populationen.

Auf eine Insel dagegen wird neues Material nur gelegentlich angeschwemmt, oder es kann im Gefieder von Vögeln mitgebracht werden. Oder der Mensch wird aktiv und lebt seine Eigenheiten als Jäger und Sammler aus. Das britische Weltreich umfasste einmal mehrere Kontinente und überall wurden fleißig Pflanzen und Tiere gesammelt. Ihre Etablierung auf der Insel wurde durch die wärmenden Eigenschaften des Golfstroms erleichtert, deshalb wachsen zum Beispiel in Cornwall Palmen, die sich in Mitteleuropa wohl erst in einigen Jahren weiterer Erderhitzung wohlfühlen werden.

Bild links: Mixed Borders fallen oft noch besser ins Auge, wenn sie eine Ebene höher als das Umfeld gepflanzt werden

Nicht heimische Pflanzenarten auf der Insel

Laut Dr. Steve Head, dem Gründer des englischen »Wildlife Gardening Forum«, haben sich auf der Insel Großbritannien zusätzlich zu den indigenen Arten 1798 nicht heimische Pflanzenarten in der Landschaft etabliert, das sind 53 Prozent aller Pflanzenarten, die es überhaupt auf der Insel gibt. Viele davon sind in Kontinentaleuropa heimisch und wären, wäre die Landbrücke erhalten geblieben, wahrscheinlich zu Fuß eingewandert. Dazu zählen unter anderem die auch bei uns in Mitteleuropa heimischen Arten Lungenkraut (Pulmonaria officinalis) *und Gelber Fingerhut* (Digitalis lutea).

70 Prozent der Pflanzen in typischen britischen Gärten sind nicht heimisch, aber etwa die Hälfte dieser 70 Prozent stammt aus anderen Teilen Europas. 93 Prozent der nicht heimischen Gartenpflanzen zählen zur selben Gattung wie alteingesessene Pflanzen und werden von heimischen Tieren meist als Nahrungspflanzen angenommen.

Manche in bester Absicht nach 1492 eingeführte Pflanzen wurden auf der Insel aber auch zur Pest, zu invasiven Neophyten, das heißt sie verdrängen heimische Arten. Ein Beispiel aus Großbritannien sind Rhododendren, die 1763 von der iberischen Halbinsel als hübsche Ziersträucher eingeführt wurden. Sie beschatten den Boden sehr effektiv, sodass darunter nichts mehr wächst, und tragen auch Krankheitskeime, die für manche heimischen Gehölze tödlich sind. Auch die eigentlich sehr schönen südafrikanischen Montbretien, die 1880 als Gartenpflanzen nach England kamen, haben sich besonders im Westen zu einer Plage entwickelt und werden nun bekämpft.

So gilt bei der Neuanlage eines Gartens in England ebenso wie in Mitteleuropa, dass selbstverständlich keine invasiven Neophyten verwendet werden. Über die für das eigene Land aktuell relevanten Arten informiert man sich am besten im Internet.

Die auffällige Iris-spuria-Sorte ‚Evening Magic' als Eyecatcher in einer Pflanzung, die an eine Blumenwiese erinnert (links), und großblütige Allium-Sorten in der Saumvegetation eines Parks in London (rechts)

Ein Garten ist keine Wildnis, die der Sukzession überlassen bleibt. Nein, der Mensch bereitet optimale Gegebenheiten vor und hegt und pflegt die Wunschpflanzen, wodurch sich Arten in den Gärten halten können, die in der »freien Natur« keine Chance hätten. Wir schaffen somit eine unnatürliche Selektion – nicht der Fitteste überlebt im Garten, sondern der Schönste.

Für nachhaltigen gärtnerischen Erfolg ist jedenfalls die Kenntnis der verschiedenen Faktoren des lokalen Klimas und Bodens unerlässlich. Großbritannien zeichnet sich durch viele verschiedene biogeografische Regionen aus. So dauert die Vegetationsperiode mit Temperaturen über 6 °C in den schottischen Highlands und in Snowdonia in Nord-Wales nur vier Monate, in Tieflandlagen bis zu acht Monate und in den milden Küstenarealen des Südwestens bis zu zwölf Monate.

Diese Informationen zum Klima in Großbritannien sind für mitteleuropäische Gärten insofern von Bedeutung, als dass wir die Bedürfnisse der Pflanzen, die uns in den englischen Gärten so sehr begeistern, kennen müssen. Viele Arten, die in West- und Südengland wunderbar gedeihen, würden die Fröste in Mitteleuropa nicht aushalten. Doch keine Sorge: Bei meinen Gestaltungsvorschlägen in diesem Buch wähle ich Wildpflanzen, die zum jeweiligen Standort passen. Die wärmeliebenden englischen Pflanzen nehmen dabei nur die Rolle von Vorbildpflanzen ein, zum Beispiel bezüglich ihrer Blütenfarbe, Wuchshöhe oder Blattform. Nur vereinzelt setze ich in meinen Beispielen als Eyecatcher nicht heimische Arten oder Zuchtsorten ein.

Bild links: Palmen in Cornwall

The living garden

Eine kurze Beschreibung des naturnahen Gärtnerns

Zum Thema »naturnahes Gärtnern« gibt es sehr gute Bücher, siehe auch auf den Seiten 174 und 175. Hier muss ich das Rad also nicht neu erfinden, im Folgenden nur einige tragende Eckpfeiler zur Orientierung, was naturnahes Gärtnern meint.

Diese Grundregeln berücksichtigen wir bei der Planung und Gestaltung der unterschiedlichen Gartenräume im englischen Stil, um die es ab Seite 34 gehen wird, und schon entsteht die perfekte Verbindung aus Schönheit und Biodiversität.

1. Bitte kein Gift

»Kein Gift« ist in der naturnahen Gestaltung von Grünflächen und Blühflächen aller Art eine Conditio sine qua non, eine unabdingbare Voraussetzung. Es ergibt keinen Sinn, mit Wildpflanzen und schönen Strukturen Tiere in den Garten zu locken, ihnen sozusagen den Tisch zu decken, dann aber giftige Speisen zu servieren. Gifte, egal, ob sie sich gegen Pflanzen oder Tiere richten, schaden auf jeden Fall der Biodiversität. Auch Herbizide, die sich eigentlich »nur« gegen unerwünschte Pflanzen richten, wirken auf Insekten zwar nicht unmittelbar tödlich, schädigen sie aber subletal, zum Beispiel durch Schwächung ihres Immunsystems, Nachlassen des so wichtigen Geruchssinns, Verminderung der Bildung der Außenhaut und vieles mehr. Auf Honigbienen wirkt sich das Herbizid Glyphosat, das zum Beispiel gegen Fugenvegetation eingesetzt wird, auch in geringen Dosen so aus, dass der Orientierungssinn der Bienen geschwächt wird. So legen sie unnötige Kilometer auf ihren Sammelflügen und auf dem Weg zum Stock zurück.

Die meisten Insektizide und Herbizide wirken nicht selektiv, sondern breit auf fast alle Insekten oder Pflanzen, das heißt, sie schädigen nicht nur die Zielorganismen, sondern auch Marienkäfer, Schmetterlinge und Bienen, die wir Menschen als Nützlinge bezeichnen. Dazu kommt der »Senkeneffekt«, das heißt eine blütenreiche Fläche zieht Insekten an, die aufgrund der Gifte sterben, der Platz wird für weitere Insekten frei, die dann dasselbe Schicksal erleiden.

In Hinblick auf Gifteinsatz sind Gärten in England, besonders was den englischen Rasen betrifft, leider kein Vorbild.

Bilder links: Große Erdhummel auf einer Wegwarte (oben) und eine Fläche nach Glyphosateinsatz (unten)

2. Bitte kein Torf

Für Torf, den viele im Handel erhältliche Erdmischungen enthalten, werden wertvolle Moore abgebaut. Moore sind Träger ganz besonderer Pflanzengesellschaften. In Großbritannien wachsen in Mooren etwa 800 verschiedene Pflanzenarten, von denen wiederum etwa 3000 Insektenarten leben.

Moore sind auch wertvolle Kohlendioxidsenken: Wie ein Schwamm saugen sie Kohlendioxid auf. Weltweit speichern die Moore etwa 500 Milliarden Tonnen Kohlendioxid, geschätzt doppelt so viel wie die Wälder, obwohl Moore nur drei Prozent der Landfläche der Erde bedecken. Werden diese Moore trockengelegt oder als Substrat in Gärten verwendet, geben sie das Kohlendioxid wieder frei, nicht besonders günstig unter den herrschenden Bedingungen.

Die Lösungen sind einfach – wenn schon Erde zugekauft werden muss, dann bitte torffreie, die inzwischen in großer Auswahl erhältlich ist. Oder wir nutzen, was wir ohnehin haben.

3. Bitte im Kreislauf

Der Garten ist voll von organischer Materie und wenn wir sie nutzen, vermeiden wir den Zukauf von Substraten – alles Organische im Garten wird am besten im Kreislauf geführt: Heckenschnitt wird zu einer Benjeshecke aufgeschichtet, Teile davon landen auf dem Komposthaufen. Gemüseabfälle und Laub ebenfalls. Geschnittene Baumstämme werden zu liegendem oder stehendem Totholz, zu Nistplatz und Unterschlupf für Wildbienen, Käfer und anderes Getier. Der Komposthaufen schenkt uns fruchtbare Erde, für Gemüsebeet, Staudenbeet und unter Obstgehölzen. Wir machen es einfach wie Mutter Natur – sie recycelt alles.

4. Wildpflanzen für alle Fälle

Heimische Wildpflanzen haben sich im Laufe der Evolution an jeweils ganz bestimmte Standortbedingungen angepasst. Wer das nicht konnte, musste eben aussterben. Deshalb finden sich zum Beispiel auf trockenen Magerflächen nur Pflanzen, die genau für die dort herrschenden Bedingungen raffinierte Strategien entwickelt haben. So reicht etwa das Wurzelwerk der Skabiosen-Flockenblume *(Centaurea scabiosa)* bis in eine Tiefe von 2,40 Metern. Andere Pflanzen tragen einen isolierenden Pelz aus hellen Haaren oder eine dicke Haut mit wenigen Spaltöffnungen oder nadelförmige Blätter, die kaum Wasser verdunsten, oder ... die Kreativität der Evolution ist endlos.

Blumenwiese mit Wiesen-Flockenblumen

Mit den Pflanzen zusammen haben sich Tiere entwickelt, die genau diese Pflanzen als Nahrung nutzen. Nach dem Schlüssel-Schloss-Prinzip wurden beispielsweise die Rüssel von Faltern immer länger, wenn die Röhrenblüten, an deren Böden sich Nektar findet, länger wurden.

Von diesen Konsumenten erster Ordnung hängen die Konsumenten zweiter Ordnung, wie Vögel oder Fledermäuse, ab, die gerne diese Insekten fressen möchten, und danach die Beutegreifer, wie Habicht und Sperber, die es auf kleine Vögel abgesehen haben. Dies ist nur ein winziges Beispiel aus der Vielfalt des Lebens. Ein Mangel an Wildpflanzen bedingt einen Mangel an Insekten, an Insektenfressern und an Beutegreifern.

Heimische Pflanzen sind also als Basis des Nahrungsnetzes unverzichtbar. Fehlen sie, wird das gesamte Nahrungsnetz lückiger. Das ist aber das Netz, das auch uns Menschen trägt. Etwa 80 Prozent aller Pflanzen weltweit werden von Tieren bestäubt. Darunter sind auch sehr viele und sehr wichtige Pflanzen, von denen wir Menschen uns selbst und unsere Haustiere ernähren – und ernähren müssen, um zu überleben. Ohne Insekten blieben uns Menschen als pflanzliche Nahrungsmittel im Grunde nur Gräser, wie Getreide, die windbestäubt sind. Zugleich gibt es seit einigen Jahrzehnten immer weniger bestäubende Insekten. Nun könnte man annehmen, dass sich die abnehmende Bestäubung durch die wild lebenden Insekten mithilfe von Honigbienen oder gezüchteten Hummelvölker ausgleichen ließe. Dem ist allerdings nicht so – Untersuchungen zeigten, dass Honigbienen und vergleichbare gezüchtete Bestäuber lediglich unterstützen, aber nicht gänzlich den Part der wild lebenden Insekten übernehmen können.

Das ist eindeutig ein Aufruf, auch die Umgebung landwirtschaftlich genutzter Flächen so zu gestalten, dass eine Vielzahl an Insekten dort Lebensraum findet.

Baumhummeln lieben die Blüten des Echten Salbeis (Salvia officinales)

Weißflecken-Widderchen sind häufig zu Gast bei der Sterndolde (Astrantia major)

Zudem müssen wir heute die Veränderungen durch die Klimakrise berücksichtigen, die wohl bedingen, dass wir »heimisch« etwas weiter fassen werden. Kurz gesagt, kommt es zu einem Temperaturanstieg und zu längeren Trockenphasen. Kurz gesagt, bedeutet das auch, dass wir bei den Pflanzenarten, die wir dann für uns in Mitteleuropa als möglich erachten, jene mitdenken, die es auch »zu Fuß« aus dem angrenzenden Süden irgendwann bis zu uns schaffen könnten, wenn auch über längere Zeiträume.

Vielleicht sind Sie also versucht, zu sagen, na gut, dann steigen wir einfach auf mediterrane Pflanzenarten um, gefällt uns ohnehin, erinnert an Urlaub. Doch ganz so einfach ist es nicht, müssen wir doch trotz Erderhitzung auch mit Frösten rechnen und sehr wahrscheinlich gelegentlich auch mit deutlich längeren und tieferen Frösten, als wir sie bislang in Mitteleuropa kennen. In die engere Wahl gelangen also von den mediterranen Pflanzen solche Arten, die auch mal minus 10 °C bis minus 15 °C aushalten. Darunter finden sich etwa der Echte Salbei *(Salvia officinalis)*, Ysop *(Hyssopus officinalis)* und Lavendel *(Lavandula angustifolia)*. Alle drei wurden bereits im Mittelalter auch bei uns als Heil- und Küchenkräuter eingesetzt. Vom Rosmarin *(Rosmarinus officinalis)* werden immer wieder bedingt winterharte Sorten angeboten, ein Frostschutz empfiehlt sich trotzdem. Auch Olivenbaum *(Olea europaea)*, Lorbeer *(Laurus nobilis)* oder Feige *(Ficus carica)* sind bis etwa minus 12 °C winterhart. Voraussetzung ist für alle, dass der Standort sonnig und windgeschützt ist, mit gut wasserdurchlässigem Boden.

Pflanzen von anderen Kontinenten sind tabu, heimische Insekten erkennen sie zum Großteil nicht als Nahrung und wir könnten uns damit potentiell invasive Arten in den Garten holen.

Tipp

Im Ergebnis bleiben wir also in unserer Pflanzenauswahl bei unseren bisher standortheimischen Pflanzenarten, wenn sie mit den Klimaveränderungen mitkönnen, und kombinieren sie mit Arten aus südlich angrenzenden Florenregionen, mit denen sich unsere heimischen Tiere leicht anfreunden können.

Helle Erdhummel auf der spät blühenden Astern-Sorte ‚Violetta´ (oben links) und ein Wintergoldhähnchen auf herbstlich gefärbtem Blutweiderich (oben rechts)

Igel finden unter Laub immer genug Nahrung (links)

5. Wildpflanzen für jede Jahreszeit

Ja, tatsächlich – für jede Jahreszeit. Im blütenlosen Winter bieten Wildpflanzen immerhin noch Unterschlupf für Vögel im dichten Gehölz, aber auch für den Nachwuchs unterschiedlicher Insekten, der als Ei, Larve oder Puppe in und an Stängeln überwintert. Igel und Kröten vergraben sich unter Laubhaufen, Käfer, Asseln und auch Nattern mögen Ast- und Steinhaufen. Und Vögel lieben die stehen gelassenen Samenstände, zum Beispiel des Blutweiderichs, und Früchte von Gehölzen. So ein bissl Unordnung, ungeschnittene Stauden, nicht geerntetes Obst kann Leben retten.

So sind es in diesen Fällen nicht die Blüten, sondern ganze Pflanzen und die Strukturen, die sie schaffen, die im Winter das Überleben sichern.

Was die Blühsaison betrifft, heißt es, wie schon der Staudenzüchter Karl Foerster postulierte: »Es wird durchgeblüht.« Von Vorfrühling bis Herbst finden sich Wildpflanzen, die als Basis des Nahrungsnetzes dienen können. Im Herbst ist das Angebot naturgemäß allerdings magerer. Das Ziel, wenn man es so nennen mag, einer Pflanze ist, Nachkommen zu produzieren. Blüht eine Wildpflanze zu spät im Jahr, so geht es sich mit der Samenbildung vielleicht nicht mehr aus. Deshalb wird es ab September in Mitteleuropa naturgemäß immer blütenärmer.

Aufgrund des Temperaturanstieges verfrüht sich zusätzlich oft der Blühzeitpunkt: So haben die zehn phänologischen Jahreszeiten, von Vorfrühling bis Winter, im Jahr 2024 um bis zu 22 Tage früher als im langjährigen Mittel begonnen.

Bei der Pflanzplanung ist also besonders auf spät blühende Wildarten zu achten. Ein Beispiel: Wiesen-Flockenblume *(Centaurea jacea)* und Rispen-Flockenblume *(Centaurea stoebe)* blühen bis Oktober, die Skabiosen-Flockenblume *(Centaurea scabiosa)* nur bis August. Sie alle werden grundsätzlich von denselben Insektengruppen angeflogen, aber eben zu unterschiedlichen Zeiten.

Ein üppiges und breit gefächertes Angebot an Pflanzenarten und Pflanzenfamilien kann auch ein wenig helfen, wenn die verfrühten Blühzeiten zu einer Entkoppelung zwischen der Pflanze und ihren Nutzern führen – dann nämlich, wenn zum Beispiel die Pflanze schon verblüht ist, wenn ihr Nutzerinsekt gerade schlüpft, und das Insekt dann bei einer anderen verwandten Pflanze, die etwas später blüht, vielleicht doch noch Nahrung findet.

Ein bisschen kann man Pflanzen auch austricksen. Um Herbstblüte zu fördern, können verblühte Pflanzen abgeschnitten und so an der Produktion von Nachkommen gehindert werden, was sie zu einer Nachblüte anregt. Zusätzlich können Sie – in geringer Menge – mit spät blühenden Sorten von heimischen Wildarten nachhelfen, zum Beispiel mit ungefüllten Astern. Die Sorten dürfen nicht gefüllt sein, da gefüllte Sorten meist keine Staubgefäße haben, also den Insekten weder Pollen noch Nektar zur Verfügung stellen.

Familie, Gattung, Art

Die taxonomischen Rangstufen, das heißt die wissenschaftliche Ordnung der Verwandtschaftsverhältnisse von Tieren und Pflanzen, sind vielstufig. Für die Gartengestaltung interessieren uns zunächst nur drei Stufen:

Zunächst werden Pflanzen in Familien zusammengefasst. Die Vielfalt innerhalb einer Familie wird nochmals unterteilt in Gattungen. Und zu einer Gattung zählen dann – die dritte Stufe – verschiedene Arten. Eine Art wird durch einen Gattungsnamen und einen Zusatz, das Epitheton, definiert.

Als Beispiel sei die Familie der Korbblütler (Asteraceae) genannt. Zu ihr zählen die Gattungen der Astern, Schafgarben, Disteln, Ringelblume und viele mehr. Zur Gattung der Schafgarben (Achillea *spp.) gehören verschiedene Arten, alle haben denselben Gattungsnamen* (Achillea)*. Eindeutig erkennbar wird eine Art – in unserem Beispiel die Gewöhnliche Schafgarbe – dann durch ihren Zusatz (millefolium):* Achillea millefolium.

Die Gewöhnliche Schafgarbe ist sehr anpassungsfähig, man findet sie in Fettwiesen ebenso wie auf Magerstandorten und Waldschlägen. Ihre Verwandte, die Bertram-Schafgarbe (Achillea ptarmica) *dagegen braucht Feuchtstandorte, Moorwiesen und Teichränder. An diesem Beispiel ist gut erkennbar, warum eine genaue Bezeichnung wichtig ist, wenn wir uns »eine Schafgarbe« in den Garten holen wollen.*

Zitronenfalter auf einer Kartäusernelke

6. Wildpflanzen aus vielen Familien

Pflanzenfamilie, Pflanzenart, Sorte, Verwandtschaft – was bedeutet das eigentlich? Können Sie eine Pflanze mit dem richtigen botanischen Namen benennen, verhindern Sie auch, dass Sie statt einer Wildart, die Sie eigentlich wollen, eine Kreuzung oder Züchtung erhalten. Vom Menschen züchterisch veränderte Pflanzen sind zwar oft besonders groß oder blühen prächtig, sind durch diese Anstrengungen aber oft anfälliger für Krankheiten und werden von Insekten meist nicht als Nahrung akzeptiert.

Durch züchterische Arbeit entstehen Sorten und Hybriden.

Sorten sind züchterisch veränderte Exemplare einer einzelnen Pflanzenart. Sie müssen mit einem Sortennamen gekennzeichnet werden, zum Beispiel *Salvia nemorosa* ‚Blauhügel', eine intensiv blau blühende Sorte des Steppen-Salbeis *(Salvia nemorosa).*

Hybriden sind Kreuzungen zwischen zwei verschiedenen Pflanzenarten. Sie können natürlich entstehen, wie zum Beispiel das Gras *Calamagrostis* × *acutiflora,* ein Naturhybrid zwischen dem Land-Reitgras *(Calamagrostis epigejos)* und dem Wald-Reitgras *(Calamagrostis arundinacea).* Als Sorte ‚Karl Foerster' wird diese natürliche Kreuzung gärtnerisch gerne weiterkultiviert, denn sie ist – wie viele Hybriden – unfruchtbar und kann sich so nicht ungebremst im Garten ausbreiten. Vermehrt werden kann dieses Gras nur durch Teilung. So sind alle *Calamagrostis* × *acutiflora* ‚Karl Foerster' genetisch eine einzige Pflanze. Genetische Vielfalt ist aber ein wichtiger Teil der Biodiversität, können sich so doch Pflanzen und Tiere besser an sich verändernde Umstände anpassen.

Zusätzlich zu solchen Zufallsfunden werden Kreuzungen zwischen zwei Arten auch absichtlich hergestellt. Alle Kreuzungen müssen mit einem »×« gekennzeichnet werden. Darunter finden sich auch fruchtbare Nachkommen, zum Beispiel in der Gattung der Christrosen *(Helleborus)*. So sind fast alle Helleborus-orientalis-Hybriden miteinander kreuzbar und bilden auch keimfähige Samen. Das ist für die Züchtung ein Vorteil, kann sie so doch immer neue, interessante Sorten kreieren, für den Gartenbesitzer weniger, denn bestäubende Insekten fliegen nicht sortenrein, und es kann bisweilen zu seltsamen Mischungen kommen.

Tipp

In meinem Garten hat das dazu geführt, dass statt meiner ursprünglich gepflanzten wunderbar gelben Primeln *(Primula veris, P. vulgaris* und *P. elatior)* schmutzig rosa Hybriden mit unterschiedlichen Gartenprimeln aus Nachbargärten entstanden sind. Die früh fliegenden Hummeln scheinen sie aber trotz der seltsamen Blütenfarbe anzunehmen.

Es besteht also eine enge Verbindung zwischen manchen Insekten und ihren Nahrungspflanzen, die so weit geht, dass manche Wildbienen nur Pollen einer einzigen Pflanzenart oder von ganz nah verwandten Arten als Nahrung für ihre Brut sammeln. Das nennt man »oligolektisch«. »Polylektisch« dagegen sind Insekten, die verschiedenste Blüten nutzen.

Diese Vorlieben haben auch Schmetterlinge: So frisst zum Beispiel die Raupe des Apollofalters nur an Arten der Fetthenne *(Sedum* spp.). Der erwachsene Apollo dagegen mag gerne purpurfarbene Röhrenblüten, ebenso wie der Zitronenfalter diese mag. Dessen Raupe ist ausschließlich auf Faulbaum *(Rhamnus frangula)* und Kreuzdorn *(Rhamnus cathartica)* spezialisiert. Praktisch für zitronenfalteraffine Gartenplanende, dass der Faulbaum frische Böden, der Kreuzdorn eher trockene bevorzugt – für beide Standorte gibt es also etwas Passendes für den Zitronenfalter.

Will man diesen und vielen anderen Faltern Heimat geben, müssen also Raupenfutterpflanzen ebenso wie Falternahrung angeboten werden. Und das bitte nicht als Einzelpflanze. Wir setzen unsere Kinder ja auch lieber vor einen vollen Teller und nicht nur vor eine magere Karotte. Auch wenn die Kinder Karotten lieben, wäre diese eine doch zu wenig. So bevorzugen auch Insekten für sich und ihre Nachkommen Pflanzenbestände mit vielen Individuen einer Art oder Gattung. Eine Fetthenne allein macht noch keinen Apollo.

Es braucht Nahrung und Schutzzonen für alle Generationen, passende Nahrungspflanzen für Raupe und Falter, ungeschnittene Wiesen und Stauden für Raupe und Puppe, geschützte Bereiche wie offene Schuppen, Holzstapel, lose Baumrinde für die Falter. Doch keine Sorge, das bedeutet nicht, dass gar nicht mehr gemäht und geschnitten werden darf.

Apollofalter

Jetzt haben Sie vielleicht den Eindruck, dass es mindestens ein Biologiestudium braucht, um den idealen Biodiversitätsgarten zu planen. Ich kann Sie beruhigen, ein giftfreier Garten mit vielen Wildpflanzen, ein paar Strukturen und behutsamem Einsatz der Gartenschere reicht schon. Pi mal Daumen gilt die Zehnerregel – jede Wildpflanze nützt mindestens zehn Tierarten. Wenn die Wildpflanzen dann auch noch am passenden Standort stehen, können Sie für das Leben im Garten gar nichts mehr falsch machen.

Es ist das Ende der Welt, sagte die Raupe – es ist erst der Anfang, sagte der Schmetterling

Schmetterlinge durchleben eine Metamorphose, also Entwicklung oder Verwandlung, vom Ei zur Raupe (Larve) zur Puppe zum Falter. Je nach Art überwintern sie in einem unterschiedlichen Stadium der Entwicklung:

- ▷ *5 Prozent überwintern als Ei, so der schon genannte Apollo, die Entwicklung zum Falter ist dann erst im Juni des Folgejahres vollendet.*
- ▷ *44 Prozent überwintern als Raupe, wie etwa Bläulinge oder Schillerfalter, zum Falter werden sie im Mai.*
- ▷ *50 Prozent überwintern als Puppe, zum Beispiel Schachbrett und Aurorafalter, zum Falter werden sie im April.*
- ▷ *1 Prozent überwintert als Falter, so Zitronenfalter, Tagpfauenauge und C-Falter.*

In jedem dieser Stadien ist der Schmetterling gefährdet.

What is different?

Wildlife Garden und mitteleuropäischer Naturgarten

In Großbritannien kennt man den »Wildlife Garten«, also einen »Wildtier-Garten«. Handelt es sich dabei um die englische Version des Naturgartens, wie wir ihn in Mitteleuropa kennen, oder um etwas anderes? Und welche Besonderheiten gibt es im Wildlife Garden?

Homes for wildlife

Dazu als Erstes ein paar Zahlen aus einem Vortrag des Gründers des englischen »Wildlife Gardening Forum«, Dr. Steve Head: 87 Prozent der Britinnen und Briten leben in Häusern mit privaten Gärten (in Deutschland gilt das für rund 43 Prozent der Menschen). Für Wildtiere tun britische Gärtner und Gärtnerinnen im Durchschnitt Folgendes: In 54 Prozent der Gärten wachsen große Bäume, 51 Prozent der Gartenbesitzer füttern Vögel in ihrem Garten, 16 Prozent haben zusätzlich Nistkästen, 10 Prozent haben einen Gartenteich.

Das ist es auch – »in a nutshell«: Der Wildlife Garden ist ein Garten, der »Wildlife«, also Wildtiere, und am besten Arten, die man auf Entfernung mit bloßem Auge erkennen kann, fördern will. Britinnen und Briten lieben »Birds, Hedgehogs and Squirrels« – Vögel, Igel und Eichhörnchen.

Letztere, unsere lieben roten Eichhörnchen, haben dort leider Feinde bekommen. Vor rund 140 Jahren wurden ein paar Grauhörnchen, Eastern Grey Squirrels, aus dem Osten Nordamerikas in Großbritannien ausgesetzt. Inzwischen sind die Grauen invasiv geworden, sie sind doppelt so groß wie europäische Eichhörnchen, sehr anpassungsfähig und hatten ein paar Krankheiten im Gepäck, zum Beispiel das Squirrelpox-(Parapox-)Virus, an dem sie selbst nicht erkranken, das für die heimischen Roten aber tödlich ist. Die Roten kommen in Großbritannien nur noch in Inselhabitaten vor und sind sowohl aus der Landschaft als auch aus den Köpfen der Briten verschwunden: Inzwischen denken die meisten Menschen dort bei »Eichhörnchen« an ein graues Tier. Charmant sind sie und zutraulich außerdem. Sie sind wohl gekommen, um zu bleiben.

oben: Birkenwäldchen in begehrter Wohnlage nahe der Tate Modern

links: Grauhörnchen – charmant und zutraulich

Das war jetzt ein Ausflug, die Botschaft dazu ist aber, dass durchschnittliche britische Gartenbesitzer und Gartenbesitzerinnen besonderen Wert auf Vögel und anderes größeres Getier legen, nicht aber ganz so viel Wert auf Wildpflanzen und Insekten. Gut, das trifft wohl auf den Durchschnitt der Gartenbesitzer und auf die vergangenen Jahrzehnte zu, in denen es in den Niederlanden, Deutschland, Österreich und der Schweiz bereits blühende Naturgartenbewegungen gab. Inzwischen blüht auch Großbritannien naturnah auf, zum Beispiel mit dem Projekt »Hampstead Garden Suburb (HGS)«. Die Siedlung HGS wurde im beginnenden 20. Jahrhundert in Nord-London mit der Vision gegründet, bezahlbaren Wohnraum mit Gärten, grünen Verbindungswegen, Wäldchen und öffentlich zugängigen Grünflächen für alle Klassen zu bauen. Die Idee kam von Henrietta Barnett, die als Frau eines Pfarrers innerstädtische Armut aus erster Hand erlebt hatte. Die Architektur ist typisch englisch und konnte dank eines Trusts bis heute erhalten werden. Mehr als 5000 Grundstücke sind grüne Heimat für mehr als 16 000 Menschen.

Es ist nur zu stimmig, dass dieses innovative Sozialprojekt im 21. Jahrhundert nun zusätzlich den heute Bedrohten, den Tieren und Pflanzen, hilft. Eine Gemeinschaft von Bewohnenden begann 2024 unter der Fachberatung von Dr. Steve Head, ein Vorzeigeprojekt urbaner Biodiversität zu etablieren. Mit dem bescheidenen Titel »Britain's Biggest Living Garden« (Großbritanniens größter lebendiger Garten) soll das größte Naturvernetzungsprojekt der Insel geschaffen werden.

Immerhin ist die Fläche der britischen Gärten zusammengenommen größer als die Fläche aller britischen Naturschutzgebiete und entspricht in etwa einem Fünftel der Fläche von Wales, also mehr als 4000 km². Auch anderorts in der Metropole London werden immer mehr Flächen biodivers, Wiesen dürfen blühen, Birkenwäldchen finden Platz, sogar in der begehrten Wohnlage nahe der Tate Modern.

Naturkorridore, Verbindungen zwischen inselartigen Lebensräumen, Nutzung von Kleinflächen sind tatsächlich der Weg der Zukunft, um ein Netz der Biodiversität über ein Land zu legen. Denn große Flächen für Unterschutz-Stellungen sind schwer zu bekommen, schon die Finanzierung der Pflege bestehender Schutzgebiete ist meist nur mit großen Anstrengungen möglich. Warum also nicht die Aufgabe auf viele Schultern verteilen?

2005 wurde das Wildlife Gardening Forum gegründet, ein gemeinnütziges Projekt von Vereinen und Privatpersonen mit dem Ziel, die Idee der lebendigen Gärten über die ganze Insel zu verbreiten. Wie eigentlich immer in Großbritannien stehen dabei auch menschliche Tätigkeiten im Garten im Fokus: Gartenarbeit, Gemüseanbau und Bautätigkeiten im Garten werden ebenso als Mehrwert für die menschliche Gesundheit gesehen wie Erholung in naturnaher Umgebung. Das trifft auf ländliche Gegenden ebenso zu wie auf innerstädtische und die ausufernden Vororte.

Tatsächlich gibt es aber auch Vorreiter wie Marc Carlton, der schon vor rund zwanzig Jahren Gärten für Bestäuber gebaut hat und dazu eine interessante Website betreibt: »Plants, Pollinators, and Gardening« (Pflanzen, Bestäuber und »Garteln«). Bei ihm geht es genau um diese Beziehungen, und so sind seine Gärten voll mit insektenfreundlichen Wildpflanzen.

Inzwischen sind wilde oder relativ wilde Gestaltungen auch ganz selbstverständlich Bestandteil verschiedener Gartenschauen, wie der Chelsea Flower Show.

Bekanntheit hat das Thema auch durch die Bücher von Dave Goulson erlangt, besonders durch »Wildlife Gardening – die Kunst, im eigenen Garten die Welt zu retten«. Bezeichnenderweise lautet der englische Originaltitel »The Garden Jungle«, womit wir wieder ganz am Anfang sind, dass naturnahe Gärten oft als Dschungel wahrgenommen werden. In seinem Buch zeigt sich ein kleiner Unterschied zwischen deutschen und englischen Naturgärten. In deutschen Naturgärten liegt der Fokus auf Wildpflanzen und tierfreundlichen Strukturen, in Großbritannien teilen sich diese beiden Aspekte die Aufmerksamkeit mit Gemüse- und Obstgärten, Küchenkräutern

Margerite und Rote Lichtnelke als Augenweide auf der Chelsea Flower Show

Auch kleinste Grünflächen tragen zur Biodiversität bei

und Kleintierhaltung. Wenn möglich, versuchen Britinnen und Briten ein Allotment zu ergattern, eine Schrebergartenparzelle, in der vor allem Nahrungspflanzen, aber auch Blumen kultiviert werden. Ich schreibe dies den Erfahrungen der Menschen im Zweiten Weltkrieg zu, als die Insel gezwungen war, sich mit Nahrung selbst zu versorgen. Im Grunde eine sehr vernünftige Kombination. Deutsche Naturgartenflächen bestehen oft aus Kiesflächen, die zwar wertvollste Blüten tragen, für eine eventuell nötige Nahrungsproduktion aber nicht mehr geeignet sind. Wie so oft liegt die Lösung im goldenen Mittelweg: Auf »guten« Böden werden Hochstauden oder Gehölze gepflanzt, auf ehemals versiegelten und somit »toten« Böden wertvolle Mager- und Trockenstandorte geschaffen.

Tipp

Bezeichnend für diese Einbeziehung von Nahrungspflanzen ist, dass Dave Goulson's Buch mit einem Rezept für Maulbeer-Muffins beginnt – mit dem trockenen Zusatz, dass sich die Wartezeit von zehn Jahren, bis ein Maulbeerbaum Früchte trägt, absolut lohne. Englische Gelassenheit eben. Überhaupt ist das Buch schön britisch, Dave Goulson plaudert sich von Ackerbohne bis Zitronenbäumchen, mit sehr viel Fachwissen und noch mehr Liebe zum Lebendigen und einigen Kurven ins Philosophische. Absolut lesenswert!

Englische Gärten
gestalten –
aus Fläche
wird Raum

Lawn and meadow

Der englische Rasen – oder?

Der englische Rasen ist für Gartenbegeisterte oft das Nonplusultra, die Königsklasse der feinen Gartengestaltung. Sattgrün, genau richtig hoch gemäht, ein Hälmchen wie das andere, kein Blümchen wagt es, das Ganze zu stören.

Bereits im 17. Jahrhundert beschrieb der Staatsmann und Philosoph Sir Francis Bacon in einem berühmten Essay über Gartenkunst sehr detailliert, was zu einem typisch englischen Garten gehört. So nennt er beispielsweise Springbrunnen, nicht jedoch Teiche. Dieser historische Bezug erklärt vielleicht, warum es in den von mir besuchten Gärten mehr formale Wasserbecken mit oder ohne Springbrunnen gibt als schöne, richtig angelegte Teiche. Der Rasen war aus Sicht von Sir Francis Bacon wichtiger Bestandteil des typisch englischen Gartens, und das ist er auch heute noch.

Warum ist der Rasen in England so bedeutend?

Vielleicht ist Rasen in England so wichtig, weil er den »Borders«, den typischen Staudenbeeten, den ausgleichenden Rahmen gibt? Unübersichtlich und unordentlich wären diese Staudenbeete, wären sie nur von Wegen durchzogen. Erst durch das einfache Grün des Rasens kommen die Beete so richtig zur Geltung. Wie ein Passepartout ein Bild ins Zentrum des Blicks rückt, so lenkt der Rasen die Blicke auf die bunte Vielfalt dahinter. Das passt auch zeitlich gesehen, denn Borders tauchten erstmals im 18. Jahrhundert auf und wurden im 19. Jahrhundert zur Hochblüte weiterentwickelt – zeitgleich mit dem Vormarsch des Rasenmähers.

Rasen setzt auch Gebäude ins richtige Licht, wobei dieser Aspekt in den meisten Vorstadtgärten wohl eher zu vernachlässigen ist.

Vielleicht liegt der Grund für die britische Liebe zum Rasen auch in den vielen, teils in Großbritannien erfundenen Sportarten, die auf Rasen gespielt werden – Cricket und Croquet, Fußball und Golf werden auf perfektem Gras gespielt, und Picknicken ist auf der Insel ebenfalls eine beliebte Freizeitgestaltung.

Der Rasenmäher – erfunden in England

Im 18. Jahrhundert wurde der Rasen noch von Schafen kurzgehalten. Erst 1830 ließ sich der Textilingenieur Edwin Beard Budding den Rasenmäher patentieren – eine Zufallserfindung, inspiriert durch eine Maschine, die abstehende Fasern von gewebten Stoffen abschnitt. Diese Erfindung machte es möglich, dass der Rasen in allen Gärten, auch in solchen ohne Schafe, Einzug hielt. Briten und Britinnen lieben ihre Maschinen, so gibt es seit 1945 in der Nähe von Liverpool sogar ein »Lawnmower Museum«, ein Rasenmäher-Museum.

Streifen und Rasenkanten

Typisch für englische Rasenflächen sind die Streifen im Rasen, die noch ein Sahnehäubchen an ordentlicher Gestaltung oben aufsetzen. Wie aber entstehen sie? Sind es unterschiedliche Grassorten oder unterschiedliche Mahdhöhen? Die Erklärung ist einfacher, es geht um die Reflexion von Licht. Die Streifen entstehen, indem man die Grashalme in verschiedene Richtungen flachdrückt. Grashalme, die in die Ansichtsrichtung gebogen sind, wirken dunkler, die in entgegengesetzter Richtung gebogenen wirken heller. Es ist wie beim Staubsaugen eines Teppichbodens.

Bild links: Der Rasen bildet den perfekten Rahmen für ein Border

Hier erkennt man deutlich die Rasenkante ...

... und das Schachbrettmuster

Das Plattdrücken funktioniert mit einer Walze am hinteren Ende des Rasenmähers, das Gewicht der Walze drückt das gemähte Gras nieder. Die Richtung, in die man mäht, bestimmt die Richtung der Biegung. Zuerst entscheidet man, in welche Richtung die Streifen verlaufen sollen, parallel oder im rechten Winkel zum Haus. Am einfachsten funktioniert es, wenn man entlang einer Mauer oder eines Zaunes beginnt. Erst mäht man in eine Richtung, dreht dann um und mäht leicht überlappend in die andere Richtung, damit keine aufstehenden Halme bleiben. Dazu setzt man die Innenkante des Vorderrades an den Rand des ersten Streifens.

Man kann auch ein Schachbrettmuster erzeugen, indem man in der zweiten Runde alles im rechten Winkel noch einmal mäht, oder man schafft organische Formen, indem man zum Beispiel der geschwungenen Linie eines Weges folgt.

Die Variante der kleinen Frau, des kleinen Mannes – beim Mähen ohne Walze – ist es, nach der Mahd mit einem groben Outdoor-Besen ein Muster zu erzeugen: Man mäht den Rasen wie üblich und fährt mit dem Besen hin und her, das hält leider nicht so lange wie mit der schweren Walze.

Zusätzlich zu speziellen Formen des Mähens wird dem Abstechen von Rasenkanten gehuldigt. Dazu gibt es spezielle spatenartige Geräte mit halbmondförmigem Blatt. Vorab und manchmal auch nach dem Mähen wird überschüssiges Gras mit einem vertikalen Rasentrimmer auf Rollen abgeschnitten.

Dieses Abstechen der Kante zwischen Rasen und Staudenbeeten wird auch generell praktiziert: Es verhindert, dass Gras in die Staudenbeete wächst, und ergibt ein ordentliches Bild. Man kann die Stauden auch über die Rasenkante wachsen lassen und dann ein Stück mit der Schnauze des Mähers in das Staudenbeet hineinfahren.

Dieses soeben gezeichnete Bild ist allerdings auch in Großbritannien schon etwas veraltet und wird nicht mehr in allen Landsitzen so gepflegt oder nur noch teilweise. Klimakrise und Biodiversitätskrise sind auch auf der Insel präsent.

Bilder rechts: Gießen mit dem Spüher (hier in Bressingham Garden): bitte am Morgen! Auch im Garten von Brynkinalt Hall erkennt man, dass der Rasen etwas trocken ist (rechts).

Die Zukunft des englischen Rasens?

Das »typisch englische Wetter« mit verlässlichem Regen und Regen und Regen gibt es nicht mehr. Auch der englische Schnürlregen ist als Opfer der Erderhitzung zu beklagen. Im Zuge meiner Reise nach Norfolk, es war Mitte Mai, erzählte uns der Besitzer eines der Herrenhäuser, sie hätten seit Mitte März keinen Tropfen Regen mehr gehabt. Er ertrug das mit englischem Gleichmut, die Borders würden bewässert, der Rasen werde sich schon erholen, wenn es wieder regnen würde. Letzterer war zu diesem Zeitpunkt braungelb. Bisher habe das ja auch immer so funktioniert. Vielleicht wird er sich erholen, vielleicht auch nicht. Die Rasen der Londoner Parks habe ich in den letzten Jahrzehnten schon oft ziemlich vertrocknet erlebt, gelb, spröde, im Grunde brandgefährlich. Allerdings war dies im August, nicht im Mai.

Der klassische englische Rasen erreicht sein Bild also durch Pflege und Bewässerung. Nicht nur, es braucht auch keine geringen Mengen an selektiven Herbiziden. So bleiben Gräser am Leben, unerwünschte Zweikeimblättrige, sprich Kräuter, werden eliminiert. Der Umgang mit Giften im Garten ist im Nicht-EU-Land schon deutlich lockerer, so ist zum Beispiel das Herbizid Roundup (Wirkstoff Glyphosat) in Gartenmärkten in großen Kanistern frei erhältlich. Das und die Düngung mit chemisch-synthetischen Düngemitteln passen selbstverständlich nicht in die naturnahe Gartengestaltung. Mit fortschreitender Erderwärmung wird Rasenmonokultur irgendwann ohnehin auch mit all diesen Methoden nicht mehr aufrechterhalten werden können.

Auch in vielen großen englischen Gärten wurde zumindest teilweise bereits auf Blumenrasen oder Blumenwiese umgestellt, wie im Garten von Wretham Lodge oder auch im Schaugarten Wisley.

Hier wurden durch regelmäßiges Mähen betretbare Wege in der Wiese geschaffen: der Garten von Wretham Loge (links) und der Schaugarten Wisley

In Wisley wurden Flächen teilweise so gestaltet, dass konventioneller Rasen eine Blumenwiese umrandet. Oder ein gemähter Streifen zwischen Weg und Wiese zeigt, dass der dahinter liegende Bereich absichtlich nicht gemäht wurde.

Mit Rasen eingerahmte Blumenwiese im Schaugarten Wisley

Gemähter Randstreifen in einem Londoner Park

In Parks wirkt ein Rasenstreifen, oft zusätzlich zu einer niedrigen Einfassung, als Abstandhalter zum Staudenbeet: Beispiele aus London

Die Alternative: Blumenkräuterrasen

Als robuste, naturnahe Alternative zum Gräser-Rasen wird eine Blumenkräuter-Rasenmischung angesät. Sie enthält schon von vornherein die sonst so bekämpften Kräuter wie Gundelrebe, Kriechgünsel, Gänseblümchen. Auf trockenen Standorten werden sich eher die ebenfalls in der Mischung enthaltenen Habichtskräuter, Wundklee, Schafgarbe und Ähnliche durchsetzen. Ein Blumenkräuterrasen ist anpassungsfähig an die jeweiligen Standortbedingungen, flexibel auch in Bezug auf jährlich unterschiedliche Niederschlagsmengen.

Je nach Nutzung kann er so häufig wie ein Rasen gemäht werden oder wie eine Wiese, also zwei- bis dreimal im Jahr. Bei seltener Mahd kommen die Kräuter zur Blüte, ein Bonus für die Biodiversität.

In London ist das Thema »Gärten als Naturrefugien« angekommen, man kann fast sagen »breitflächig«. So hat das Natural History Museum das »Urban Nature Projekt« gestartet: Die eigenen Grünflächen – etwa 20 000 m² – wurden in eine einladende biodiverse Idylle verwandelt und darüber hinaus zahlreiche Anleitungen gegeben, was jedermensch im eigenen Umfeld dazu beitragen kann.

Ein berührender Satz des britischen Tierfilmers und Naturforschers Sir David Attenborough wurde in Bronze als Leitspruch des Gartens am Eingang platziert:

»The future of the natural world, on which we all depend, is in our hands.«

Ein Satz, der für uns alle auf der ganzen Welt Gültigkeit hat.

Eine höfliche Hinweistafel:
»Bulb and Wildflower Meadow. Please help protect by staying off this area. Thank you.«

Zwei Schönheiten für die heimische Wiese

Londoner Parks zeigen heute überhaupt wesentlich mehr Wiesenflächen oder Teilwiesenflächen als noch vor zehn Jahren. Höflich wie die Briten und Britinnen sind, werden die Menschen gebeten, dabei mitzuhelfen, die Zwiebel- und Wildblumenwiesen zu schützen – ein lapidares »Betreten verboten« wäre dort ein Fauxpas.

Eine Alternative zur Saat-Gladiole

In englischen Wiesen findet man oft die Saat-Gladiole *(Gladiolus italicus)*. In Mitteleuropa ist sie nicht heimisch, auch nicht völlig winterhart, sie benötigt einen geschützten Standort, durchlässigen Boden und eine Abdeckung aus Reisig. Das Kleine Mädesüß *(Filipendula vulgaris)*, hier ebenfalls im Bild, darf auch in unseren Wiesen vorkommen, auf nährstoffreichen Feuchtstandorten dann ihre Verwandte, das Echte Mädesüß *(Filipendula ulmaria)*.

Die in Mitteleuropa heimische Rote Lichtnelke (rechts) zeigt den gleichen Pinkton wie die Saat-Gladiole (links)

Tipp

In Mitteleuropa heimisch ist die Sumpf-Gladiole *(Gladiolus palustris)*, die aber feuchte Böden braucht. Auf durchschnittlichem, eher nährstoffreichem Boden können Sie als gleichfarbigen Akzent die Rote Lichtnelke *(Silene dioica)* wählen, auf mageren, trockenen Standorten passt wunderbar die ebenfalls pinkfarbene Pechnelke *(Viscaria vulgaris)*.

Eine Alternative zur Prärielilie

In zahlreichen englischen Parkwiesen findet sich auch die nordamerikanische Prärielilie *(Camassia leichtlinii)*, eine Lieblingspflanze von König Charles. Sie sieht wunderschön aus, wird auch von Generalisten wie Honigbiene und manchen Hummeln als Nahrungsquelle akzeptiert. Aber sie ist bei uns nicht völlig winterhart – blaue Sorten sind eher frostertragend als cremeweiße – und eben nicht heimisch.

Die Prärielilie blüht in vielen englischen Parkwiesen

Tipp

Einfacher ist es, in unsere Wiesen die ähnlich aussehenden Graslilien *(Anthericum ramosum* und *A. liliago)* zu pflanzen. Weil sie zarter als Prärielilien sind, sollte man sie in höherer Stückzahl setzen, um optisch denselben Effekt zu erzielen. Und der Boden sollte eher nährstoffarm sein.

Die heimische Graslilie ist eine schöne Alternative zur Prärielilie

Borrowed Landscape

Blickachsen, Ausblicke und Einblicke

Zaun und Tor sind unauffällig, machen den Garten zu einem Teil der Landschaft

Dieser Aspekt ist für mich ein Muss, ich finde den Begriff »Borrowed Landscape«, die »geborgte oder geliehene Landschaft« so nett. Einerseits weil ich grundsätzlich finde, dass uns das Land nicht gehört in dem Sinne, dass es uns zustünde, alles damit machen zu können, was uns gerade einfällt. Auch wenn viele Mächtige dieses Jahrzehnts ganz massiv die Macht des Stärkeren postulieren, so ist das kein Vorbild und wird auch nicht von Dauer sein. Die Erde, das Land, gehört uns nicht, wir haben es nur von unseren Nachkommen geborgt. Und wer will schon seinen Lieben nur verbrannte Erde hinterlassen.

Das ist der eine Aspekt von »geliehen«. Der andere ist optischer Natur: Mit geschickter Planung versucht man, Bereiche des Umlandes, die eigentlich nicht mehr dazugehören, in den Garten zu holen. So kann einerseits der Garten größer wirken, als er ist, andererseits wird er optisch Teil der Landschaft.

Manchmal ist die Umgebung auch so beeindruckend, dass sich der Garten gleichsam zurücknehmen muss, um trotzdem eine entspannende Oase zu bieten. So eine Situation kann etwa in den Bergen entstehen: Die Alpenkulisse zieht die Blicke so stark auf sich, dass ein zu bunter, kleinräumig gestalteter Garten beengend wirken kann. Er befände sich in einem Wettbewerb, den er sicher nicht gewinnen könnte.

Tipp Grundsätzlich soll ein Garten immer in die umgebende Landschaft passen. So wirkt es zum Beispiel seltsam, inmitten einer Tiefebene im Garten Hügel aufzuschütten oder auch das Haus auf einen Berg zu stellen. Das wird zwar immer wieder gemacht, um den Keller weniger tief ausheben zu müssen, sieht aber ausgesprochen seltsam aus. Maximal leichte Wellen oder Senken lassen sich in einer Ebene gestalterisch harmonisch einfügen oder ein mit kniehohen Mauern eingefasster Senkgarten für Kräuter oder als Grillplatz.

Zusätzlich zur Einbettung des Gartens in die umgebende Landschaft kann diese auch als Inspiration dienen. So kann zum Beispiel eine sanft rollende Hügellandschaft im Garten ihre Fortsetzung finden oder eine Apfelbaumallee zieht sich im Garten weiter Richtung Haus. Verbindung können Sie auch dadurch schaffen, indem Sie Elemente der angrenzenden Landschaft im Garten wiederholen, zum Beispiel eine Birkengruppe.

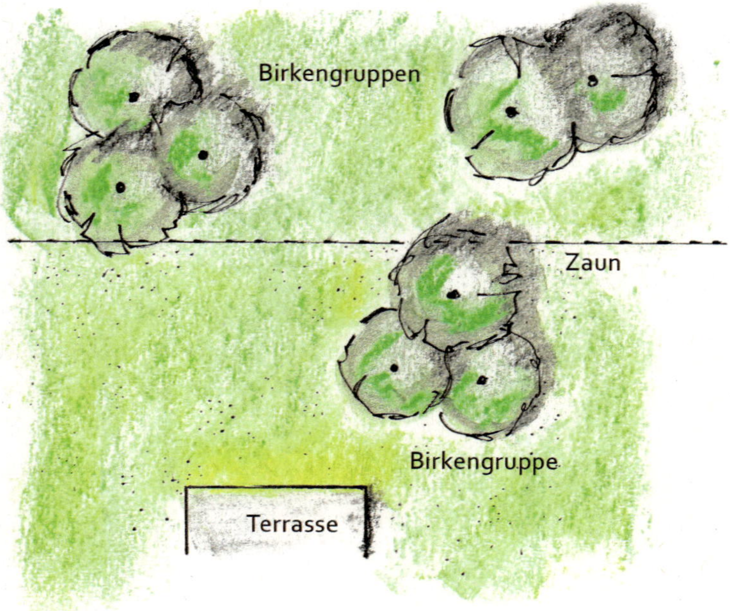

Die Dreier-Birkengruppe im Garten stellt eine Wiederholung der beiden Gruppen in der Landschaft dar

In den großen Gärten, im Grunde Parks, der Landhäuser des englischen Adels versuchte man, Zäune, also Einschränkungen, möglichst zu vermeiden. So holte man sich die Landschaft unauffällig in den Park, indem man das Vieh durch Gräben – und eben nicht durch Zäune – am Übertritt hinderte. Diese Gräben werden oft durch Mauerwerk gestützt, so wird wenig Platz verbraucht und eine sinnvolle Tiefe erreicht. Vom Haus aus gesehen, ist der Graben nicht wahrnehmbar, die dahinter liegenden Hügel, Felder und Weiden gehören also optisch zum Park. Das funktioniert natürlich nur, wenn der Graben so weit weg vom Haus ist, dass er gleichsam verschwindet.

Wenige von uns nennen ein Landhaus mit Park ihr Eigen, aber auch für die Gärten Normalsterblicher gibt es gute Lösungen, die umgebende Landschaft, wenn sie denn attraktiv genug ist, in den Garten zu holen. Grundsätzlich betonen wir dafür die Grenze möglichst wenig, sodass der Eindruck entsteht, die Landschaft liefe in den Garten.

Mit Gräben und Mauern

Wenn kaum Einbrüche zu befürchten sind und sich im Garten keine potentielle Gefahr wie ein Teich befindet, kann man Varianten der Methode »Graben mit Mauer« anwenden. In der Ebene sieht das dann aus wie in Grafik unten: Durch die Kombination von Graben und Mauer entsteht ein zu überwindender Höhenunterschied von rund 1,50 Metern. Der Blick vom Haus geht dabei über die etwa 1 Meter hohe Mauer frei in die Landschaft.

Einfach nachzubauende Kombination aus Graben und Mauer

Mein Vorschlag wäre dann, den Graben mit schönen, aber unfreundlichen Pflanzen zu bestücken, zum Beispiel mit einer Kombination aus prächtigen Distelartigen wie

Wollkopf-Kratzdistel

Eselsdistel

Waterperry gardens

Das Foto der Eselsdistel (oben rechts) stammt aus Waterperry gardens im malerischen Shropshire im mittleren Westen Englands. Waterperry gardens gehört heute der »School of Philosophy and Economic Science«, wird für Kurse und Studiengänge genutzt und es gibt dort ein Gartencenter mit Marktgarten, eingebettet in einen idyllischen Landschaftsgarten. Zwischen 1932 und 1970 war Waterperry eine Gartenbauschule für Damen, gegründet von Beatrix Havergal und ihrer Partnerin Avice Sanders. Ich bringe dies als Beispiel für die vielen prächtigen Gartenanlagen, die aus privater Initiative, viele davon von Frauen, knapp vor und nach 1900 entstanden sind. Es war eine lebendige Zeit des Aufbruchs, auch für Frauen.

Eselsdistel *(Onopordum acanthium),* Wilder Karde *(Dipsacus fullonum)* und Wollkopf-Kratzdistel *(Cirsium eriophorum).* Wer Schmetterlinge besonders liebt und das auch nach außen gut vertreten kann, sollte, bitte, noch Brennnesseln *(Urtica dioica)* dazu setzen. Die Raupen von 17 heimischen Schmetterlingen fressen nur an der Brennnessel, so zum Beispiel die Raupen des Kleinen Fuchses, des Tagpfauenauges, von Admiral und Landkärtchen. Den Distelfalter freut diese Kombi gleich doppelt: Raupe und Falter brauchen Disteln als Nahrung, die Raupe frisst auch gerne an der Brennnessel.

Auch ungefüllte Strauchrosen, Himbeeren und Brombeeren erfüllen problemlos den Zweck der Abschreckung, nur sollten sie jährlich in Form geschnitten werden, um den Ausblick nicht zu beschränken.

Liegt der Garten am Hang, wird er oft terrassiert, hierbei kann man den dadurch entstehenden Höhensprung ebenfalls mit einer Mauer überbrücken. Die Mauer kann bündig an den Garten anschließen oder als wahrnehmbare Grenze immerhin kniehoch sein. Wird das Mauerwerk als Trockenmauer ausgeführt, entstehen in den Ritzen und Spalten Rückzugsorte für Eidechsen, Käfer und anderes Getier.

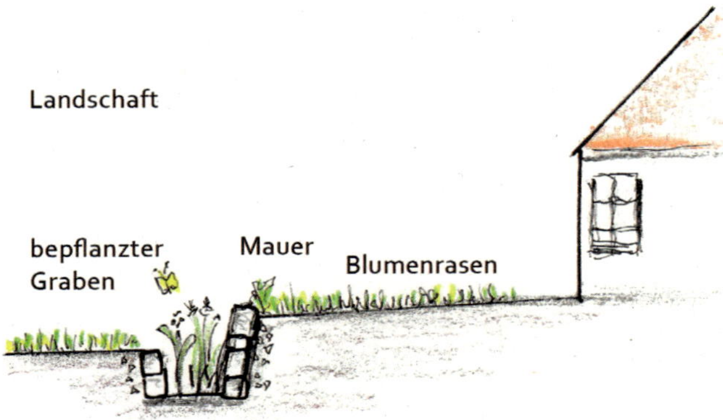

Wäre der Boden hinter der Mauer nicht aufgeschüttet worden, wäre hier eine Hanglage

Vielleicht kann der Graben auch ein bepflanzter Wassergraben sein? Dazu müssen Sie am Boden eine Teichfolie einbauen, auf die dann das Teichsubstrat kommt. Je nach geplanter Bepflanzung wird die Folie an den Rändern unterschiedlich hoch gezogen:

Für einen Sumpfgraben, der mit Sibirischer Schwertlilie *(Iris sibirica),* Mädesüß *(Filipendula ulmaria),* Blutweiderich *(Lythrum salicaria),* Wasserdost *(Eupatorium cannabium)* und anderen Hochstauden der Feuchtstandorte bestückt wird, reicht es, wenn Sie die Folie etwa 10 Zentimeter hochziehen.

Soll es ein niederer Wassergraben werden, mit einem maximalen Wasserstand von 20 Zentimeter Höhe, so reicht das unter anderem für Wasser-Schwertlilie *(Iris pseudacorus),* Rohrkolben *(Typha* spp.) und Igelkolben *(Sparganium erectum).* Mit Regenwasser vom Dach kann der Wassergraben befüllt werden – auch dazu gibt's ein passendes Buch (»Regenwasser nutzen – ein Geschenk für meinen Garten«, Paula Polak).

Schön ist auch ein Seerosengraben mit einer Wassertiefe von 1 Meter und mehr. Dort besteht aber leider das Risiko, dass ein Tier oder gar ein Kind darin ertrinkt. Deshalb lassen wir einen blütenreichen Seerosengraben lieber auf eingezäuntem Eigengrund.

Ohnehin gilt für alle Bautätigkeiten im Garten: alles bitte immer unter Berücksichtigung der örtlichen Vorschriften für Bau und Sicherheit.

Mit zarten Zäunen

Ich gebe zu, in den meisten Fällen ist die Variante »Graben mit Mauer« aufgrund ihres Platzbedarfes nicht möglich, da wird es dann doch ein Zaun werden.

Um die umgebende Landschaft trotzdem einzubeziehen, sollte der Zaun in jedem Fall optisch zart ausfallen und zum Haus, aber auch zur Landschaft passen. Oft ist ein einfacher Staketenzaun aus Holz die beste Wahl. Wird er nicht imprägniert oder mit Farbe angestrichen, vergraut er mit der Zeit und wird noch mehr Teil der Landschaft. In eher urbanem Umfeld kann es auch ein eleganter Gusseisen-Zaun sein, wichtig ist nur, dass er selbst nicht die Blicke auf sich zieht.

Wird an keiner Stelle eine Hecke als Sichtschutz benötigt, kann man den Zaun auch durch eine Blumenwiese »verschleiern«.

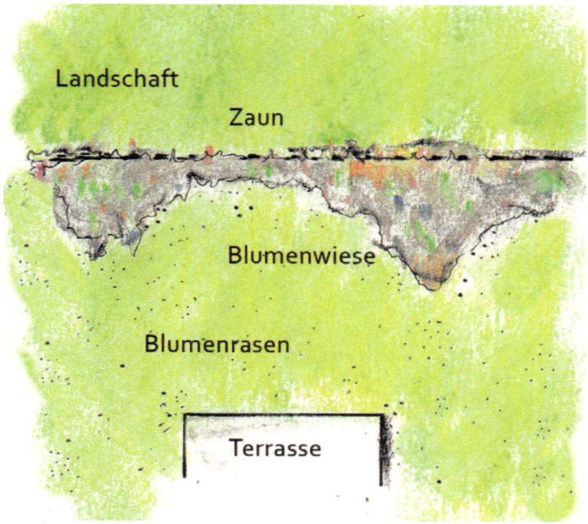

Damit die Blumenwiese am Zaun nicht zu linear wirkt, erhält sie mehrere Ausbuchtungen

Als Sichtschutz ist aber doch oft eine Hecke, zumindest teilweise, nötig, wenn möglich mit einem Durchblick, um den Garten optisch zu erweitern. Den Durchblick können Sie einfassen, also betonen, zum Beispiel durch zwei kleinkronige, rundkronige oder auch säulenförmige Bäume. Oder Sie leiten den Blick durch strategisch platzierte Gehölze. Auch schräg zum Durchblick führende Staudenbeete oder attraktive Blumenwiesen können die Blicke auf die Landschaft lenken.

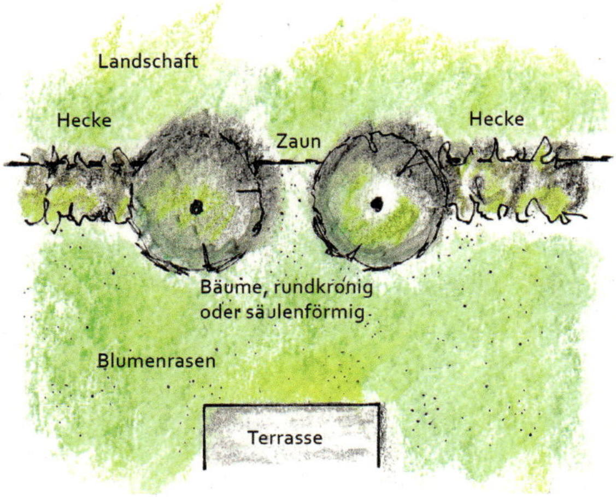

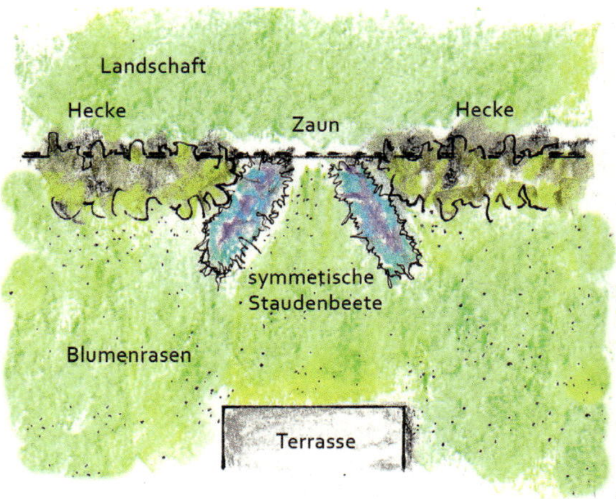

Zwischen Bäumen (oben) oder Staudenbeeten (rechts) wird der Blick in die Landschaft geleitet

Ist Sichtschutz nötig, braucht dieser Schutz nicht immer direkt an der Grundstücksgrenze zu sein: Sie können ihn auch organisch im schrägen Winkel zum Zaun gestalten oder doch parallel zum Zaun, dafür aber näher am Sitzplatz. So sind einige Ausblicke möglich, Sie können aber den Sessel auf der Terrasse auch so verrücken, dass Sie nicht gesehen werden.

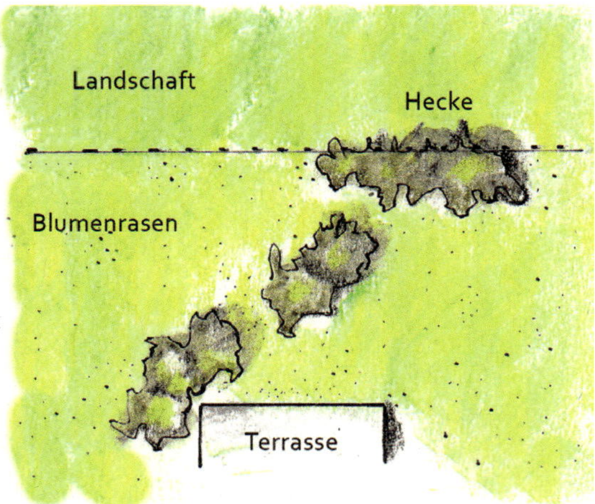

Die schräg durch den Garten verlaufende Hecke schafft Räume und Ausblicke

Oder doch dicht?

Großzügig schreibe ich hier über die umgebende »Landschaft«, tatsächlich besteht unsere Umgebung oft aus Nachbargärten, die gerne auch mit den beliebten Hecken aus Kirschlorbeer, Thujen oder Glanzmispel eingefasst sind.

Aus Zitronen Limonade machen oder: Schönes ins Bild!

Findet sich auf der anderen Seite Ihres Zaunes eine Heckenmauer aus Kirschlorbeer und Co., ist leider wenig zu machen, jedenfalls was Ausblicke betrifft. Aber Sie können die Heckenmauer auf Ihrer Seite etwas auflockern: wenn genug Platz ist, mit einem Blütengehölz, zum Beispiel Gelbem Hartriegel (Cornus mas), *einem Kleinstrauch, zum Beispiel Ginster oder Zwerg-Weichsel* (Prunus fruticosa). *Oft reicht der Platz nicht für ein ausladendes Gehölz, aber schmale Hochstauden gehen immer.*

- *Auf nährstoffreichen Böden in eher sonniger Lage sind das zum Beispiel die heimischen Stauden Blutweiderich* (Lythrum salicaria), *Mädesüß* (Filipendula ulmaria) *oder Nachtviole* (Hesperis matronalis).
- *In mageren, sonnigen, trockenen Lagen fühlen sich Königskerzen* (Verbascum *spp.), Karden* (Dipsacus *spp.) oder auch Kugeldisteln* (Echinops *spp.) wohl. Es passt auch so manche nicht heimische, aber insektenfreundliche Pflanze, zum Beispiel Phlox, Nachtkerzen* (Oenothera biennis *agg.) oder spät blühende ungefüllte Astern.*

Oder Sie nutzen die Heckenmauer als grünen Hintergrund für ein schönes Objekt. Das kann eine Statue sein, eine malerische Bank, vielleicht mit Rankbogen, oder ein Brunnen. Dabei sollten Sie nur darauf achten, dass hinter dem guten Stück noch genug Raum bleibt, um die Hecke von Ihrer Seite aus zu schneiden, denn das wird Ihnen nicht erspart bleiben, egal, was Sie wirklich über diese Hecke denken.

Tipp Verkauf und Anpflanzung des invasiven Kirschlorbeers *(Prunus laurocerasus)* sind in der Schweiz bereits verboten, das gilt ebenso für Schmetterlingsstrauch *(Buddleja dividii)* und Blauglockenbaum *(Paulownia tomentosa).*

Gibt es ein wenig Blickfreiheit, so ist es fein, selbst zu entscheiden, was wir sehen wollen und was nicht. Nachbars Garage kann mit einer Blütenhecke aus heimischen Sträuchern gut verdeckt werden, die Aussicht auf die Schafweide am nächsten Hügel möchten wir vielleicht nur leicht mit Gehölzen einrahmen.

Durchblicke in Wollerton Old Hall in Shropshire ...

... und in Cruckfield House, ebenfalls in Shropshire

Die etwas erhöht platzierte Rosenpergola lenkt Blick und Schritt in den dahinter liegenden Gartenteil

Hier entsteht durch je einen Baum rechts und links des Wegs ein Rahmen, der den Blick zu der Amphore am Ende des Weges lenkt

Wo ein Ausblick ist, ist vielleicht auch ein Einblick. So müssen Sie manchmal abwägen, was Ihnen wichtiger ist – die malerische Landschaft zu sehen und dabei gleichsam auf dem Präsentierteller zu sitzen oder sich lieber geschützt mit dem Blick auf die Hecke zufriedenzugeben.

Zu berücksichtigen ist auch die Hauptwindrichtung, besonders wenn man in einer windreichen Gegend lebt. Vielleicht ist der Blick von der Terrasse grundsätzlich schön, aber ohne schützende Hecke wäre es zu zugig, um ihn genießen zu können. Ein Kompromiss kann in diesem Fall – und ähnlichen Situationen – auch in einem Durchblick bestehen, einer Lücke oder einem Fenster in einer Mauer oder Hecke, einem Spalt, der gerade mal einen flüchtigen Ausblick, aber keinen Einblick erlaubt.

Die Suche nach einem schönen Ausblick oder Durchblick gehört jedenfalls zu den ersten Aufgaben am Beginn einer neuen Gartengestaltung!

Connections

Wege und Plätze

Wege dienen als Verbindung zwischen unterschiedlichen Bereichen. Plätze laden dazu ein, sich länger aufzuhalten, vielleicht zu sitzen, sich zu entspannen, zu plaudern und zu essen. Wege und Plätze finden sich in jedem Grünraum, im kleinsten Gärtchen ebenso wie in weitläufigen Anlagen. Es lohnt sich sehr, sich mit ihnen zu beschäftigen, mit der Qualität der Wegeführung und der Qualität der Bereiche, die so verbunden werden.

Es geht in Folge um Gestaltung, nicht um bautechnische Methoden, diese würden allein ein ganzes Buch füllen. Auch auf einen Exkurs über die Problematik der Bodenversiegelung verzichte ich. Das sollten Sie nachlesen und im Kopf behalten. Als Grundprinzip gilt aber immer, möglichst naturverträglich zu planen und zu bauen: Verwenden Sie also regionale oder recycelte Materialien und arbeiten Sie sickerfähig.

In Londoner Grünanlagen (wie hier auf dieser Doppelseite), auch mitten in der City, ist es üblich, am gemähten Rasen seine Mittagspause zu verbringen. Wer Glück hat, ergattert sogar einen der Liegestühle. Diese müssen aber manchmal gemietet werden.

Der Weg ist das Ziel, oder?

Der erste Schritt ist immer die Planung. Und der erste Schritt der Planung ist die Überlegung, wie groß der Bedarf tatsächlich ist. Muss wirklich jede mögliche Verbindung im Garten, zum Beispiel vom Haus zum Schuppen, vom Schuppen zum Gemüsebeet, vom Gemüsebeet zum Carport, befestigt werden? Der naturverträglichste Weg ist immer der, der gar nicht gebaut wird.

Dies gilt sinngemäß auch für Plätze. Wenn ein Sitzplatz oder eine Terrasse meistens nur von zwei bis vier Personen genutzt wird, nur zweimal im Jahr eine größere Party steigt, dann reicht es vollauf, die Terrasse für vier Personen zu dimensionieren. Im Anschluss an die Terrasse gestaltet man dann eine offene Fläche, die es aushält, wenn auf ihr gelegentlich Tisch, Stühle und Menschenfüße stehen.

So manche Verbindung im Garten und so mancher Platz wird so selten genutzt, dass man dort ruhig über den Blumenrasen gehen kann, ohne ihn dabei zu beschädigen. Das sind meist Verbindungen, die bei Regen ohnehin nicht genutzt werden, somit ist Bodenverdichtung bei nassen Böden auch kein Thema.

Diese »freien« Wege funktionieren auch auf öffentlich genutzten Flächen, wie das Beispiel aus den Temple Gardens in London zeigt (großes Bild auf der linken Seite). Die gemähten Rasenflächen dürfen ganz selbstverständlich betreten werden, der Verbindungspfad zwischen dem befestigten Hauptweg und dem Rasen fordert sogar dazu auf. Für solch kleine, selten genutzte Pfade, auch in schattigen Lagen, eignet sich eine Abdeckung aus Rinden- oder Asthäcksel. Bänke und Liegestühle zeigen ebenfalls deutlich, dass dort Entspannen mitten in London nicht nur erlaubt, sondern gewünscht ist. Auch im Sinne eines möglichst geringen ökologischen Fußabdrucks sollen grüne Erholungsräume zu den Menschen kommen, nicht umgekehrt.

Bild links: Der schmale Waldpfad verbindet den Hauptweg mit der Liegewiese

Der Sinn des Weges ist, ein Weg zu sein

Für »Weg« gibt es viele Definitionen. So ist ein Weg:

* ein freier, schmaler Streifen, auf dem man gehen oder fahren kann und der durch ein Gelände führt,
* die bestimmte Strecke, die man zurücklegen muss, um ein Ziel zu erreichen,
* die Richtung, die zu einem Ziel führt,
* oder die Art und Weise, mit der man eine Angelegenheit lösen und behandeln kann.

Ein Weg hat also immer ein Ziel, und das ist meist ein bestimmter Ort, ein Sitzplatz, ein Tor oder ein Hauseingang. Der Sinn eines Weges kann es auch sein, eine kurze Verbindung zwischen zwei Punkten zu schaffen. Die Wegeführung muss allerdings immer sinnvoll sein, andernfalls gewinnt die normative Kraft des Faktischen – die Menschen wählen die kürzeste Verbindung zwischen zwei Punkten, ein Trampelpfad entsteht.

Im Garten 1 (links) wurde ein einfacher, vernünftiger Rundweg angelegt, der direkt genug zu den Zielen, Teich und Gartenhaus, führt. Das ist zwar nicht besonders originell, lässt aber in der Mitte eine große Rasenfläche frei, zum Beispiel für sportliche Aktivitäten.

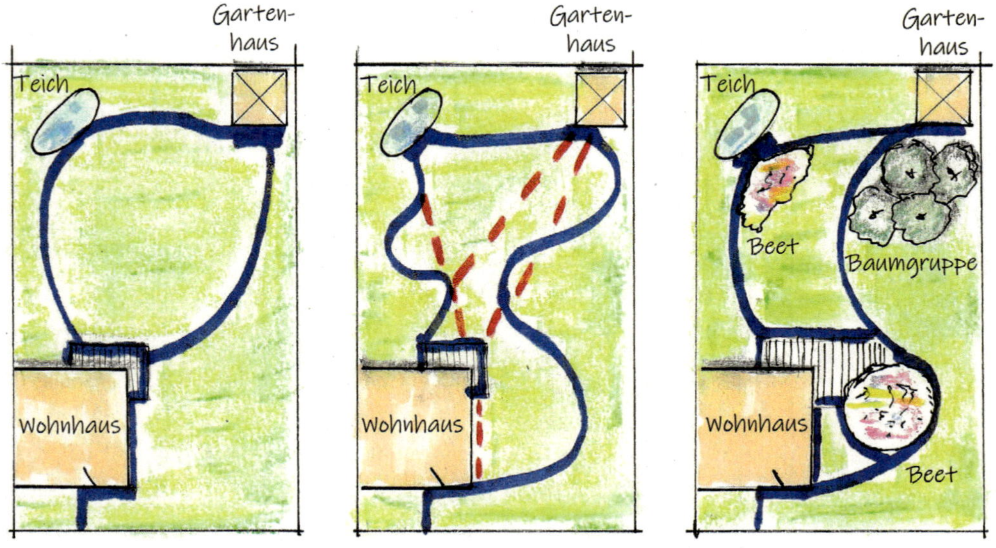

Diese einfachen Skizzen verdeutlich Sinn oder Unsinn von verschiedenen Wegeführungen

Im Garten 2 (Mitte) sind die Wege fantasievoll geschwungen, allerdings ohne Grund. An diese Wegeführung wird sich niemand halten, warum auch, die gestrichelten Linien zeigen die Trampelpfade, die entstehen werden.

Garten 3 (rechts) hat ebenfalls geschwungene Wege, die Schwünge sind aber durch Einbauten oder Pflanzungen begründet. Im Vorgarten umrundet der Weg ein großes Kräuterduftbeet, vor dem Pavillon befindet sich eine Baumgruppe, zwischen Teich und Baumgruppe eine kniehohe Blumenwiese oder ein Staudenbeet. Diese Wege werden sehr wohl eingehalten.

Ein Weg kann aber auch das Ziel haben, den Weg selbst zu erleben, entspannt zu schlendern, die Umgebung zu betrachten, die Natur am Rand des Weges zu genießen, auf einer Bank zu sitzen und zu lesen, mit dem Hund zu gehen oder Sport zu treiben.

»Der Weg ist das Ziel«, das klingt zwar abgedroschen (und will manchmal auch vom Eigentlichen ablenken), dennoch wäre es schade, Wege nur auf ihre Funktion als die (kürzeste) Verbindung von A nach B zu beschränken. Wege können Aufenthaltsorte sein, interessant durch ihre Wegeführung, Gestaltung und ihre Begleiter, die Pflanzen. Wege können und sollen neugierig machen auf das, was uns an ihrem Ende wohl erwartet. Wie hier in Manor Farm in Norfolk (im Bild unten). Der Weg wird von duftenden Stauden begleitet, das rote Tor signalisiert schon, dass dahinter Interessantes wartet, als Anreiz erkennt man auch schon den Giebel des Glashauses.

Dieser Weg in Manor Farm in Norfolk wird sehr wohl genutzt, führt er doch entlang eines bunt blühenden Staudenbeetes

Solche Details machen Wege, Plätze, ja ganze Gärten besonders und zusätzlich interessant. Sie spiegeln Geschmack, Vorlieben und Hobbys der Besitzerinnen und Besitzer des grünen Paradieses wider. Für sie selbst sind es auch Erinnerungen.

Details zeigen, dass sich jemand liebevoll mit dem Garten beschäftigt, ihm seinen oder ihren Stempel aufgedrückt hat, und lädt Besuchende dazu ein, weitere Blickpunkte zu suchen. Genau – »besuchen« kommt von »suchen«.

Derselbe Garten bietet einen weiteren interessanten Durchgang, wieder am Ende eines geschwungenen Kiesweges (Bild unten links). Dort liegt der Farbschwerpunkt der begleitenden Pflanzen bei Gelb, sowohl in Blütenfarbe als auch in Blattfarbe, mit ein paar violetten Kontrapunkten.

Tipp Das Beispiel zeigt übrigens auch schön, wie der Weg auf einer Seite nahtlos in das Kiesbeet übergeht. Das wirkt großzügiger, als wenn der Weg an beiden Seiten mit den Mauersteinen eingefasst wäre.

Das Tor ist eine Spezialanfertigung aus rostigem Eisen, darunter auch kunstvoll arrangierte Hufeisen (Bild unten rechts). Allein schon deshalb, um das Tor aus der Nähe zu betrachten, wählt man den Weg.

Tipp Blickpunkte am Weg bieten auch Kombinationen aus Kies, Steinen, Klinker und Platten, und sie markieren vielleicht auch eine Wegekreuzung, so wie hier die Raute in Manor Farm (ganz unten links) oder das Windrad im Garten von Hindringham Hall (ganz unten rechts).

In den Gärten von Hindringham Hall dürfen Spanische Gänseblümchen auf Wegen und Plätzen wuchern

Dieser Platz vor einer Bank in Ascott Park and Gardens wurde mit Rundkies bedeckt

Der zweitbeste Weg ...

... nach dem Weg, der gar nicht gebaut wird, ist ein sickerfähiger Weg. Das gilt sinngemäß auch für Plätze. Die Fläche wird dabei so befestigt, dass Regenwasser durchsickern kann. Dies entlastet die Kanalisation, vermindert Überschwemmungen und führt Regenwasser dem Grundwasser, unserem künftigen Trinkwasser, zu.

Eine sickerfähige Fläche kann als wassergebundene Decke oder als Schotterrasen ausgeführt werden. Oder Sie verlegen Platten, Klinker, Steine aller Art in ein Splittbett ohne Vermörtelung.

Die kostengünstigste sickerfähige Bodenbefestigung ist die wassergebundene Decke, bei der unterschiedlich grobes Kantkorn gewässert und verdichtet wird. Wird in die oberste Schicht Humus eingearbeitet und geeignetes Saatgut ausgebracht, nennt man das Schotterrasen.

Obenauf können Sie diese Decke auch mit einer dünnen Schicht aus kantigem Splitt oder Rundkies in nur einer Korngröße (zum Beispiel 4/8 mm) belegen.

Die Wahl, ob blütenreicher Schotterrasen oder Kiesabdeckung, hängt auch davon ab, welches Bild die Fläche zeigen soll. Naturnah, mit Blüten ist attraktiv und gut für die Biodiversität, wirkt aber ungleichmäßig, da man je nach Betritt mehr oder weniger von dem steinigen Untergrund sieht. Und es bedarf eines gewissen gärtnerischen Wissens, um erwünschte und unerwünschte Pflanzen zu unterscheiden.

Mit Bedeckung sieht es ordentlich aus, ist aber mit höherem Pflegeaufwand verbunden, da anfliegende Samen zwar nicht so gut, aber doch zwischen den Steinchen keimen können und regelmäßig gejätet werden sollten. Und: Kieselsteine passen auch nicht überall – so zum Beispiel nicht im direkten Eingangsbereich zu einem Haus, denn mit Holzfußböden vertragen sie sich nicht.

Beispiele für die Wegegestaltung – vom Großen ins Kleine

Eindeutig groß ist die Anlage des Wisley Garden. Wisley ist ein 97 Hektar großer Schaugarten, der »flagship garden« der Royal Horticultural Society in Surrey, nicht weit entfernt von London. Man schafft es kaum in einem Tag, aber man kann dort alles durchwandern – Wildlife Garden, Rosengarten, Borders ohne Ende, Küchengarten, Wassergärten, Glashäuser und, und, und ... ein absolutes »must see«, wenn Sie in oder um London Urlaub machen.

Alle Wege und Plätze in Wisley Garden, die nicht aus gestalterischen Gründen oder weil sie direkt an Gebäuden liegen, anders befestigt sind, sind als wassergebundene Decke ausgeführt.

Auf dem linken Bild sieht man, dass auch große, von vielen Füßen begangene Flächen mit dieser Methode befestigt werden können. Auf dem Bild daneben erkennen Sie deutlich die Abgrenzung des Weges, der mit einer dünnen Schicht aus Rundkies belegt ist, zu der als Kiesgarten gestalteten Pflanzfläche mit Cortenstahl.

Die Wege und Plätze in Wisley Garden ...

... als wassergebundene Decke

Im Gegensatz dazu wird im »wilderen« Bereich der Gartenanlage auf strenge Grenzen verzichtet. Dort dürfen Stauden in den Weg wachsen, und es wurden bewusst Blumeninseln angelegt. Solch eine Gestaltung ohne Randbefestigung funktioniert am besten, wenn die angrenzende Pflanzfläche als leichter Hügel ausgeführt wird. Das verhindert, dass Wegkanten abgetreten werden.

Es ist aber auch möglich, Platten im Splittbett zu verlegen, sodass Regenwasser durch die Fugen sickern kann: Das folgende Bild (unten) aus meinem Lieblingsgarten Cruckfield House in Shropshire habe ich nicht (oder nicht nur) wegen Fergus und Flora, den beiden süßen Whippets, gewählt, sondern wegen des Plattenbelags: Platten aus regionalen Steinen, in verschiedenen Größen und in unterschiedlicher, aber immer paralleler Anordnung ergeben ein harmonisches, aber kein strenges Bild.

Links im Bild sieht man, dass sich diese Art der Verlegung auch für flache Rampen eignet. Dazu müssen die Platten allerdings groß und schwer sein, sonst können sie bei Betritt oder Befahren mit der Schubkarre verschoben werden. Und am besten bekommen sie an den Rändern auch eine Abgrenzung. Diese kann zum Beispiel aus den gleichen Platten gebaut werden, sie werden dann aber aufgestellt eingebaut. Soll dies ohne Beton, nur im Splittbett erfolgen, müssen diese Abgrenzungs-Platten entsprechen groß sein und tief eingegraben werden. Schmale, längere Platten, die nicht so tief in den Boden reichen, benötigen ein Streifenfundament.

Auch in diesem Beispiel ist der Übergang zwischen befestigter Fläche und Vegetation fließend. Verschiedene Storchschnäbel wachsen über den Weg, an der Hauswand blüht das Spanische Gänseblümchen *(Erigeron karvinskianus)*, das, der deutsche Name liegt hier knapp daneben, aus Mexiko und Südamerika stammt. Der Name sagt aber, dass es wärmeliebend ist und deshalb zwar in vielen, aber nicht allen Regionen Mitteleuropas winterhart ist.

Tipp Als heimische Alternative bietet sich unser Gänseblümchen *(Bellis perennis)* an, das sich sehr gut zur Bepflanzung von Fugen eignet, aber als niedrig wachsende Rosettenpflanze ein ganz anderes Bild ergibt. Ähnlich wie das Spanische Gänseblümchen zu verwenden ist die Felsennelke *(Petrorhagia saxifraga)* oder auch die Späte Federnelke *(Dianthus serotinus)*.

Pugin Hall in Cornwall, am Fuß des Hauses die weiße Form der Roten Spornblume (links) – auf dem Bild rechts die Rote Spornblume mit Hummelschwärmer beim Blütenbesuch

Sehr ähnlich gestaltet ist auch die Wegedecke in Pugin Hall in Cornwall. Den Übergang zwischen Haus und Garten bildet dort neben dem Spanischen Gänseblümchen die weiße Form der Spornblume *(Centranthus ruber)*. Das Verbreitungsgebiet der Spornblume reicht von den Kanarischen Inseln bis Südrussland, und die Art gilt in weiten Teilen Deutschlands als eingebürgert. Der Nektar der Spornblume sitzt am Grund der bis zu 17 Millimeter langen Blüten und ist so nur für Insekten mit entsprechend langem Rüssel erreichbar. Das sind in erster Linie Hummeln, wie Gartenhummel und Ackerhummel, und Tagfalter wie Zitronenfalter, Kleiner Fuchs und Ochsenauge. Auch tagaktive Nachtfalter wie Hummelschwärmer und Taubenschwänzchen lieben Spornblumen.

Eine ebenfalls interessante Kombination stammt aus dem Garten von The Barn des bekannten Gartenarchitekten Tom Stuart-Smith im Nordwesten von London (Bilder nebenstehende Seite oben): Um Übergänge oder den Beginn eines neuen Gartenabschnitts zu markieren, können auf der einen Seite große Steinplatten, auf der anderen aufgestellte Steinriemchen oder auch Klinker verwendet werden.

Hospitality and Generosity – britische Großzügigkeit

The Barn ist, wie auch Pugin Hall und Cruckfield House, Teil des »National Garden Scheme« (NGS). Diese Freiwilligenorganisation schafft für Besuchende Zugang zu mehr als 3500 privaten Gärten. Die Einnahmen aus den Gartenbesichtigungen und dem Verkauf von Tee und Kuchen kommen verschiedenen karitativen Einrichtungen zugute. So konnten 2024 mehr als 3,5 Millionen britische Pfund an Organisationen für Krebshilfe, Hospize und andere Pflegeeinrichtungen überwiesen werden. Insgesamt konnten durch die Großzügigkeit der Gartenbesitzenden und Besuchenden schon mehr als 74 Millionen Pfund gespendet werden. Auch Gartentherapie und Gemeinschaftsgärten werden unterstützt. Ich finde diese Kombination aus Gartenleidenschaft und Hilfsbereitschaft wunderbar und einfach typisch britisch.

Im Garten von The Barn nördlich von London: große Steinplatten, kombiniert mit aufgestellten Steinriemchen

Ein Bild wie unten – von der Chelsea Flower Show – eignet sich besonders gut für öffentliche Flächen und Eingangsbereiche in Privatgärten oder Betriebe, die repräsentativ wirken sollen: lockere Baumgruppen, kombiniert mit Stauden und polsterförmig geschnittenen Kleingehölzen, die die Form der Steinfindlinge wiederholen.

Tipp

Für ein ebenso schönes Bild mit heimischen Stauden empfehle ich Ihnen die Deutsche Schwertlilie *(Iris germanica)* oder die Bunt-Schwertlilie *(Iris variegata)*, Großblütige Strahldolde *(Orlaya grandiflora)*, Purpur-Königskerze *(Verbascum phoeniceum)* sowie Echte Goldrute *(Solidago virgaurea)* oder Duft-Odermennig *(Agimonia procera)*.

Eine an sich gerade Wegeführung lässt sich auch durch einen kleinen Trick interessanter machen: Betrachten Sie das linke Bild und stellen sich diesen Weg – er befindet sich in London – ohne das Rundbeet, einfach als geraden Weg vor, und der Spaziergang verliert deutlich an Charme. Weil dieser Bereich klein strukturiert und vielfältig bepflanzt ist, bringt die strenge Abgrenzung durch die erhöhten Randleisten Ordnung ins Bild. Beachten Sie auch, dass es nicht einfach Randleisten sind, sondern dass sie ein Muster zeigen: Sie sehen aus wie ein grobes Seil – ein Beispiel für die Liebe zum Detail. In den Weg wachsende Stauden, später auch in Form geschnittene Lavendel und Koniferen brechen die Linearität auf einer Seite des Weges auf.

In London: gerade Wege, trotzdem interessant: das Rundbeet in der Mitte des Weges ...

... und ein dominanter Hauptweg mit kleinen Trittplatten als Nebenwege

Auch modernere Wege hat London zu bieten, wie der kleine Durchgang – siehe das Foto oben rechts – in der Nähe der Tate Modern am Südufer der Themse zeigt. Große, schwere, längliche Platten bilden den Hauptweg, kleinere Trittplatten die Nebenwege. Dazwischen wachsen flache Bodendecker wie ein Meer aus Grün.

Flache Wegbegleiter

Für eine vergleichbare Bodenbedeckung mit heimischen Arten eignen sich in sonniger Lage und auf magerem, trockenem Boden Niederliegender Ehrenpreis (Veronica prostrata), *Frühlings-Fingerkraut* (Potentilla neumanniana) *oder auch das Kleine Habichtskraut* (Hieracium pilosella). *Thymian eignet sich auch sehr gut, besonders die Arten, die nur fünf Zentimeter hoch werden, wie Sand-Thymian* (Thymus serpyllum) *und Kriech-Thymian* (Thymus praecox) *mit seiner behaarten Subspezies* Pseudolanuginosus (Thymus praecox var. pseudolanuginosus).

Auf nährstoffreicheren Standorten in sonniger bis halbschattiger Lage wachsen Pfennigkraut (Lysimachia nummularis) *oder Gundelrebe* (Glechoma hederacea). *Ihre Blüten bieten einen Bonus für Insekten, und durch die großflächige Bepflanzung lässt sich trotzdem das ruhige Bild erreichen.*

Für sehr trockene Bereiche eignen sich die flachwüchsigen Mauerpfeffer-Arten (Sedum acre, Sedum sexangulare *und* Sedum album). *Allerdings sollten diese Flächen tatsächlich nicht betreten werden, die dicken Blätter des Mauerpfeffers ertragen das Betreten im Gegensatz zu den Blättern der anderen genannten Arten gar nicht.*

Ganz anders als diese regelmäßigen Plattenbeläge zeigen sich die unregelmäßig verlegten Polygonplatten im Garten von Sunningdale House in Shropshire, mit Bereichen, in denen Thymian wuchern darf (Bild unten links). Das können Sie genau so in den Naturgarten übernehmen.

Am Hauptzugang zum Haus ist der Plattenbelag auf der Fläche mit einer Kiesbedeckung am Seitenweg kombiniert – mit der schönen Einladung, den Zugang zum Haus durch blühende Büsche und attraktive Pflanztöpfe zu betonen (Bild unten rechts). Im Beet davor sehen Sie das hübsche Orangerote Habichtskraut als Bodendecker.

Tipp **Schöne und stachellose Hausbegleiter, die auch nicht zu hoch werden, sind Zwergmandel *(Prunus tenella)*, Echte Felsenbirne *(Amelanchier ovalis)* oder auch der Große Pfeifenstrauch *(Philadelphus coronarius)*, der gar nicht so groß wird, nämlich zwei, selten drei Meter, und Schnitt gut verträgt.**

Im Garten von Sunningdale House in Shropshire: unregelmäßige Polygonplatten ...

... und eine Kombination aus Plattenbelag (Hauptweg) mit Kiesabdeckung am quer verlaufenden Seitenweg

Ups and downs

Höhensprünge

Wege, ihr Aufbau, ihre Gestaltung, die Wegeführung sind das eine. Oft besteht ein Garten aber aus verschiedenen Ebenen, die verbunden werden wollen. Oder der Garten liegt am Hang, und weil das für die Nutzung nicht immer praktisch ist, wird der Hang terrassiert, sodass Höhensprünge entstehen. Um diese Höhensprünge zu überwinden, braucht es Mauern und Treppen.

Mauern

Im naturnahen Garten werden Mauern, wenn möglich, als Trockenmauer, das heißt ohne Vermörtelung nach bestimmten Grundsätzen gebaut. Wenn Sie das noch nie gemacht haben, können Sie durchaus eine Mauer bis Kniehöhe schaffen, höhere Mauern überlassen wir lieber Fachleuten. Die örtlichen Bauvorschriften müssen immer berücksichtigt werden. Hier ein paar naturverträgliche Beispiele mit englischem Flair.

Abgrenzungsmauern nach außen sind aus Gründen der Stabilität meist vermörtelt, im besten Fall auch aus regionalen Steinen, wie hier im Bild unten die Mauer zur Manor House Farm, die aus dem typischen Norfolk-Flint besteht.

Schön sind das Moos auf den Decksteinen und die vorwitzige Spornblume *(Centranthus ruber)*, die diesen extrem mageren, trockenen Ort viel lieber mag als nährstoffreiche Böden. Davor wachsen Lavendel und eine Mäherbreite an Rasen als Abstandshalter zur Straße. So erkennt man zwar eine deutliche Grenze, sie wirkt aber bei Weitem nicht so abweisend, als wenn die Mauer direkt an der Straße beginnen würde.

Backsteinmauer im Garten der Manor House Farm

Höhensprünge strukturieren eine Mauer: hier in Wisley Garden

Die Backsteinmauer (Bild oben links) im selben Garten ist vermörtelt, wirkt aber gar nicht glatt. Die dritte Reihe von oben besteht aus abgerundeten Steinen, die Deckreihe wurde im rechten Winkel zu den anderen Reihen gesetzt. Der Moosbewuchs, die Rabatte davor, die Rosen dahinter – und schon wird aus einer einfachen Backsteinmauer ein Kunstwerk. Der Lavendel wird vom pinkfarben blühenden Blut-Storchschnabel *(Geranium sanguineum)* begleitet, von Akeleiblättriger Wiesenraute *(Thalictrum aquilegifolium)*, von Königskerzen und – in meiner mitteleuropäischen Version (wir müssen immer auch Frost mitberücksichtigen) – von der Schwertlilie statt der afrikanischen Lilie.

Das Beispiel aus Wisley Garden (Bild oben rechts) zeigt, wie eine Mauer durch Höhensprünge strukturiert werden kann und das ganze Bauwerk durch den Vorbau einer Sitzmauer weniger massiv wirkt. Es handelt sich um eine Trockenmauer, die zugeschnittenen Deckplatten sind aber aus Stabilitätsgründen vermörtelt.

Ebenfalls in Wisley steht diese schöne bepflanzte Mauer

Bild links:
Grenzmauer zur Manor House Farm

Diese attraktive Kombination aus Mauer, Stauden und Steinamphore in Hodnet Hall lässt sich einfach nachgestalten

Ein kleines, leicht nachzubauendes Beispiel stammt aus Hodnet Hall, wo ein Staudenbeet durch eine niedrige Klinkermauer mit Steinamphore aufgewertet wird (Bild oben links). Den Lavendel links im Bild lässt auch die Naturgärtnerin gelten, dazu weiße, ungefüllte Rosen und den Quirl-Salbei *(Salvia verticillata)* als lila Kontrapunkt. Rechts daneben passen Färber-Hundskamille *(Anthemis tinctoria)* oder Ochsenauge *(Buphthalmum salicifolium)*.

Bild links: Lavendel eignet sich wirklich für fast alle Mauersituationen, wie auch hier auf der bemoosten Mauer von Cruckfield House. In den Fugen haben sich kleine Farne und das Zimbelkraut angesiedelt.

Bild unten links: In der Deckreihe einer vermörtelten Mauer können bewusst Lücken gelassen werden, um Pflanzen zu setzen, wie hier im Beispiel aus St. Mawes in Cornwall

Bild unten rechts: Das Zimbelkraut (Cymbalaria muralis) nutzt jede kleinste Mauerfuge und auch Ritzen zwischen den Decksteinen der obersten Reihe.

Pflanzen in Töpfen und Fugen machen diese Treppe spannend

Gemauerte Treppenanlage trifft auf Trockenmauer: malerisch schön wie hier in Wisley Garden

Treppen

Wo eine Mauer ist, da ist meist auch eine Treppe, auch hierfür gibt es malerische Ideen.

Im Schaugarten von Wisley Garden (Bild rechts oben) steht ein wunderbares Beispiel für eine Kombination aus Trockenmauer und gemauerter Treppenanlage. Verbindend und auflockernd wirkt das Spanische Gänseblümchen, das jede noch so kleine Fuge nutzt. Das macht auch so manche heimische Staude, zum Beispiel Felsennelke *(Petrorhagia saxifraga)*, Kartäusernelke *(Dianthus carthusianorum)* oder Grasnelke *(Armeria elongata)*, um nur wenige zu nennen. Bepflanzte Amphoren und Töpfe wirken als Blickpunkte, die Mauern und Treppen betonen.

Nur drei Stufen, aber durch die Stauden, die aus den Fugen herauswachsen, und die bepflanzten Töpfe wird aus ihnen etwas Besonderes (Bild oben links): Es ist der Echte Dost *(Origanum vulgare)*, der in den Fugen wächst und später im Jahr auch mit lilafarbenen Blüten seinen Duft verströmen wird.

Die folgenden Vorschläge stammen aus London, lassen sich aber so oder ähnlich in jedem Garten umsetzen (siehe dazu die Bilder auf der folgenden Doppelseite):

Sehr zentral in London, zwischen klassischen Backsteinbauten, ultramodernen Hochhäusern, Doppeldeckerbussen auf der berühmten Fleet Street und der Themse liegen die Temple Gardens. Es sind Inseln der Ruhe und Entspannung in dieser pulsierenden Stadt und werden als solche von Einheimischen ebenso wie von Touristen gerne genutzt. Sie zeichnen sich durch Wiesen, Liegeflächen und Staudenbeete aus, doch im Folgenden nutze ich sie als Beispiel für Treppenanlagen.

Der Eingang in die Tempe Gardens (Bild oben) führt über eine Treppenanlage, wie es meist der Fall ist – an sich nicht ungewöhnlich, und Rollstuhlfahrer sowie alle anderen mit Bewegungshilfen auf Rädern müssen auch hier leider einen anderen Weg wählen. Das Unübliche an dieser Treppe ist aber die Fugenvegetation, die auch von den Scheren der städtischen Gärtner verschont bleibt. Auch dort nutzen Spanisches Gänseblümchen und Spornblume den kleinsten Raum. Über das schmiedeeiserne Gitter rankt sich die Pfeifenblume *(Aristolochia macrophylla)*. Sie stammt aus Nordamerika, ihre Blüten sind als Kesselfallen ausgebildet, deren nicht sehr feiner Duft Mücken und Fliegen anlockt. Immerhin dürfen sie nach erfolgter Bestäubung entkommen.

Tipp

Ungleich besseren Duft würden an derselben Stelle rankende Geißblätter *(Lonicera)* verbreiten, die damit vor allem nachtaktive Insekten anlocken. Ihr englischer Name ist »Honeysuckle«, zusammengesetzt aus »Honig« und »saugen«. Honeysuckle wird gerne in englischen Parfums und Raumdüften verwendet. Und die Pflanzen passen besser als die Pfeifenblume zu einem naturnahen Gestaltungsstil.

Bild links:
Ein rankendes Geißblatt hat eine Hummel angelockt

Ganz in der Nähe sehen wir dieses Bild (oben): Stufen, flankiert von rotlaubigen Holunderbüschen, *Sambucus nigra* der Sorten ‚Black lace' oder ‚Black Beauty'. Im naturnahen Garten darf Rotlaubiges aus meiner Sicht schon mal Eyecatcher sein, und die Blüten dieser Sorten ergeben einen interessanten rosa Holunderblütensirup.

Tipp **Weg und Treppe können auch von mittelhoch wachsenden Sträuchern gesäumt sein. Als Wildrosen eignen sich dafür gut die Apfelrose *(Rosa villosa)*, die Bibernellrose *(Rosa pimpinellifolia)* und die Weinrose *(Rosa rubiginosa)*, da sie alle nicht höher als zwei Meter werden.**

Reicht der Platz nicht für Gehölze, lockern bepflanzte Töpfe die Treppe auf (links). Mittelhohe Sträucher können Wege und Treppen ebenfalls säumen (rechts).

Through the Looking-Glass

Durchgänge

Von Raum zu Raum braucht es oft Durchgänge, durch die man oft eine andere Welt betritt, und auch diese werden sorgfältig gestaltet. Ein Beispiel dafür zeigt sich in Wollerton (Bild unten): Der Durchgang führt dort durch eine Ziegelmauer, die auch außerhalb der Mauer von Stauden flankiert ist. Als Abstandshalter zum Weg dient ein Rasenstreifen, genau in der Breite eines Mähers. Der Klinkerweg ist die Verbindung zum inneren Raum, optisch aber auch die Wiederholung des Rasenstreifens. Und bitte beachten: In englischen Gärten geht es oft um Details: Die Rundung in der Ziegelmauer wiederholt sich formgleich in der Schnitthecke ganz hinten.

Eine gewisse Ähnlichkeit zu diesem Bild aus Wollerton findet sich in Wisley Garden (Bild Mitte). Auch wenn die örtliche Bauordnung solch hohe Mauern oft nicht zulässt, könnten Sie doch die Grundidee umsetzen: Ziegelmauer, Schmiedeeisentor, Kletterpflanzen an der Mauer, Stauden und niedere Büsche als Übergang zur Straße. Bitte nur darauf achten, dass alles auf Eigengrund passiert oder die schriftliche Erlaubnis des anderen Grundbesitzers vorliegt.

Durchgänge in Wisley Garden ...

Niedrige Mauern, mit Säulen betont, bilden auch im Garten von Edge Villa in Shropshire den Übergang zwischen gekiestem Vorplatz und Garten (Bild unten). Die Mauer darf durch Stauden etwas aufgelockert sein, aber direkt dahinter lädt der üppig blühende Lavendel dazu ein, den Garten zu erforschen. Die Versäuberungsfläche aus großen Steinplatten verhindert, dass Kies in den Rasen getragen wird. Der Rasenmäher bedankt sich.

... und im Garten von Edge Villa in Shropshire

Ein nochmals anderer Durchgang führt vom Parkplatz in den Privatgarten der Fiddian's Follies Upwood Farm (Bild links): Ein Mäuerchen mit einem Löwen und bepflanzte Töpfe betonen das Tor. In den Nischen zwischen Töpfen und Mauern sammelt sich Laub, dort können sich verschiedene Tiere, zum Beispiel Käfer oder Amphibien, verkriechen.

Durchgang mit Mauer
(hier in Fiddian's Follies Upwood Farm) …

… oder mit Bögen aus Gusseisen
(hier im Garten von Chenies Manor House)

Auch ohne Mauern können Sie Durchgänge gestalten. Eine schöne Möglichkeit dafür sind Bögen aus Gusseisen. Sollen sie das Gewicht von ausgewachsenen Glyzinien *(Wisteria sinensis* oder *Wisteria frutescens)* tragen, müssen sie stabil genug sein.

Glyzinien, auch Blauregen genannt, duften im Mai wunderbar, manche Sorten intensiver als andere, zum Beispiel die Sorten ‚Amethist' oder ‚Shiro Capitan'. Mit dem Blauregen ist es wiederum so: nicht heimisch, aber doch für manche Insekten brauchbar. Wisterien stammen aus Asien oder Nordamerika, als Blütengäste stellen sich vor allem Honigbienen und die Schwarzblaue Holzbiene ein. Für so einen stabilen Bogen, der durchaus wie ein Dach wirken darf, eignet sich auch der Japanische Blauregen *(Wisteria floribunda),* der besonders üppig wächst.

Tipp Ebenso üppig und heimisch, aber stark versamend ist die Gemeine Waldrebe *(Clematis vitalba).* Als nahrhafte Alternativen bieten sich Wein und Kiwi an. Und mit etwas Geduld bildet auch das Geißblatt *(Lonicera* spp.) ein dichtes Dach.

Bild rechts: Dieser kräftige Metallbogen in Wisley Gardens, Surrey, trägt auch üppige Rosen problemlos

Bögen: dicht bewachsen im
Garten von Goldstone Hall …

… oder locker und luftig im
Garten von Cruckfield House

Ein Bogen kann so massiv und dicht bewachsen sein wie der Bogen im Garten von Goldstone Hall in Shropshire (Bild oben links) oder auch so locker und luftig aussehen wie die Rosenarkade im Garten von Cruckfield House (Bild oben rechts).

Nicht in allen Gärten ist so viel Platz, aber Sie können auch nur eines oder zwei der Elemente übernehmen oder auch die Idee, den Zugang mit Keramikamphoren zu betonen. Und immer sollten Sie auf die Unterpflanzung mit Blühstauden achten.

Very British!

Follies und andere Goodies

Über den Begriff »Folly« bin ich das erste Mal vor langer Zeit in meiner frühen Agatha-Christie-Phase gestolpert. »Dead Man's Folly« hieß das Buch, eines der Mordopfer wurde ebendort gefunden, aber ich möchte da nichts spoilern.

»Folly« ist in englischen Gärten ein eher nutzloses Gebäude mit reinem Zierzweck, eben dem Wortsinn entsprechend: Tollheit, Verrücktheit, Narretei, Aberwitz, Wahnsinn, Eselei ... Netterweise kennt das Wörterbuch auch den Begriff »establishment folly«, die Dummheit der Obrigkeit, tja.

Follies passen zur englischen Verschrobenheit, nicht alles muss sinnvoll und nützlich sein, es darf auch einfach nur schön oder witzig sein.

»Das Nutzlose« – von Erich Fried

Das Nutzlose schützt uns durch sein Vorhandensein vor dem kleinlichen Irrtum, es könnte nichts Nutzloses geben.

So wird es so nützlich, dass es damit beweist, was sein eigenes Beispiel eben erst widerlegt hat.

Dadurch jedoch hört es auf, uns von Nutzen zu sein, und kann uns daher vor dem Irrtum aufs Neue bewahren ...

Sind Gedichte nützlich? Müssen sie das sein? Sie müssen gar nichts, sie dürfen einfach sein, zur Freude, zum Nachdenken, zum Fühlen. Ebenso wie die englischen Follies.

Follies

Follies finden sich in vielen großen Landschaftsgärten. Auf der Reise nach Norfolk haben wir aber einen Garten besucht, dessen Besitzer so »voll Folly« ist, dass er seinen Garten diesem Thema gewidmet hat. Die Fiddian's Follies Upwood Farm – einfach nur schräg und schön.

Komm näher und erforsche mich!

Das Bild oben ist ein Bild, wie man es vielfach auf Fiddian's Follies Upwood Farm findet: Ein Gebäude aus Backstein, etwas versteckt zwischen Bäumen und Büschen macht es neugierig, näher zu kommen und es zu erforschen.

Der ganze Garten ist »quirky«, voll Überraschungen und unterscheidet sich ziemlich von dem Bild – üppige Staudenbeete, Rosen, englischer Rasen –, das wir hierzulande oft von englischen Gärten haben. Fiddian's Follies ist auf rund 12 000 m^2 am steilen Gelände eines alten Steinbruchs errichtet, nach jeder Wegbiegung erwartet uns eine Überraschung, ein Gebäude oder ein Ausblick. Die Follies, Mauern, Statuen wurden vom Besitzer in liebevoller jahrelanger Kleinarbeit zusammengetragen. Wurden ihm die alten Sachen bis vor zehn Jahren gleichsam noch nachgeworfen, musste er Ziegel, Steine, Statuen in den letzten Jahren teuer kaufen.

Das sind die kleinen Beispiele, die auch in einem unserer Gärten Platz haben können. Lebensgroße Löwen und Drachen finden sich in Fiddian's auch, passen aber vielleicht nicht so ganz in den typischen Vorstadtgarten.

Die Gebäude sind immer schön eingewachsen. Efeu eignet sich für schattige Situationen besonders gut, er kriecht am Boden entlang, erobert mit seinen Haftwurzeln auch die Vertikale. Allerdings kann er mit ebendiesen Wurzeln auch in Risse im Gemäuer eindringen und es irgendwann vielleicht sogar sprengen.

Ein Folly im eigenen Garten? Warum eigentlich nicht. In vielen Gärten findet sich irgendwo im hinteren Eck ein Gartenhaus oder Pavillon. Wenn man nicht aufpasst, wird es zum finalen Rastplatz für Gerümpel. Liebevoll gestaltet, kann es aber eine Bereicherung für den Garten werden, ein Rückzugsort abseits der hausnahen Terrasse.

Das könnte zwar einfach ein Fertigteilhaus aus dem Baumarkt sein, aber auch ein selbst geplantes und gebautes Folly, aus Restmaterialien, mit Wandbildern, Statuen, Säulen – Ihrer Fantasie sind keine Grenzen gesetzt, höchstens durch Ihren eigenen guten Geschmack. Das ist dann zwar nicht mehr ein Folly im Sinne von »nutzlos«, entspricht aber eher der Realität des kleinen Gartens, der weniger dem stundenlangen Lustwandeln als vielmehr der Erholung und Freizeitgestaltung dient.

Kein Platz für ein Folly, aber doch ein bisschen Kunst?

Kein Platz für ein Folly oder ein anderes Gebäude? Aber ein bisschen Struktur, Kunst oder ein Blickpunkt wären nicht schlecht? Auch dafür finden sich in englischen Gärten zahlreiche Beispiele.

Wie hier die mit Hauswurzen bepflanzte Säule im Garten von Hindringham Hall (Bild unten links). Hauswurzen eignen sich dafür ausgezeichnet, weil sie im Hinblick auf Wasser enorm anspruchslos sind. Fast so bescheiden sind auch die Nelken am Fuß der Säule, der Oregano rechts, der den Purpur-Salbei (*Salvia officinalis* ‚Purpurascens') einfasst, und links vom Weg der Thymian.

Die Hauswurz-Gestaltung für Bescheidene kann auch so aussehen wie auf meinem Fensterbrett (unten)

Mit Blumen bestückt (oben) oder bepflanzt wird in England gerne alles, was sich bepflanzen lässt: unten ein Beispiel von der Chelsea Flower Show

Oder ein Bankerl? Zugegeben, solch ein Herrenhaus mit übergroßen Fenstern haben die wenigsten. Aber die Grundidee, zwischen zwei Fenstern eine Kletterrose zu pflanzen und davor eine Bank zu stellen, lässt sich leicht nachmachen. Pflanzt man unter und neben die Bank noch Lavendel oder andere Duftpflanzen, kann man das Plätzchen auch mit geschlossenen Augen genießen.

In Gotha Gardens in Norfolk (Bild unten) finden sich gleich zwei Blickpunkte – einerseits die Säule mit Widderköpfen mitten in einem Rosenbeet, andererseits die klassische englische Gartenbank »Sissinghurst« in der schönen Farbe »Castle Green«. Die Bank steht teilweise im Schatten eines Baumes, rechts und links flankiert von kleinen Schnitthecken. Eine ganz einfache Gestaltung auch für kleinere Gärten.

Bänke sind immer eine Einladung:
Oben als filigranere Variante in Wretham Loge,
links in Gotha Gardens ganz klassisch
die englische Gartenbank par excellence,
beide Gärten liegen in Norfolk.

Liebevolle Gestaltung mit bepfanzten Töpfen lässt Nischen und Ecken aufblühen und zu interessanten Orten werden

Auch ein altes Tischchen mit bepflanzter Schüssel erfüllt den Sinn, die Nische in einer Backsteinmauer interessant zu machen, wie hier in Wretham Lodge (Bild oben rechts). Ich würde noch einen bequemen Sessel dazustellen – und, voila, wir haben einen Rückzugsort.

Die Liebe zum Detail und zur Gestaltung zeigt sich auch im Bild unten rechts: In dieser Kombination von Zinkregenwanne und Zinkgießkannen. Die verzierte Wanne schmiegt sich an die efeubewachsene Mauer, eingefasst von Storchschnabel und Spanischem Gänseblümchen, die Kannen stehen schräg und parallel zueinander. Alles mit einem liebevollen Blick für Kleinigkeiten.

Water for life

Wasser in englischen Gärten

Wasser ist Leben, egal, ob Trinkwasser, Regenwasser, Grundwasser oder Wasser im Garten. Wenn Sie englisches Flair in Ihren Garten holen möchten, kann das auch mit einem Wassergarten gelingen – ein besonderes Element, das für viele englische Gärten ganz typisch ist. Um (Bau-)Technik oder genaue Pflanzpläne geht es im Folgenden weniger. Vielmehr möchte ich Ihnen mit meinen Beispielen Lust machen, sich ein Wasserelement in den Garten zu holen, und Ihnen einen Überblick über die Möglichkeiten dazu geben.

Wie so oft in englischen Gärten ist auch dieser Wassergarten in Wollerton Old Hall in seiner Form sehr architektonisch, ebenso wie das äußere Umfeld. Die üppigen Hortensien lockern hier allerdings die strenge Form der Becken und Buchskugeln etwas auf.

Basics of Water

Einige grundsätzliche Aspekte zum Thema: Teiche und auch Schwimmteiche reinigen sich nach denselben Prinzipien wie Teiche in der Natur: Nährstoffe fallen in Form von Laub, Blütenblättern, Blütenstaub und Ähnlichem ins Wasser, werden dort von Mikroorganismen zersetzt, von Phytoplankton, Algen sowie von höheren Pflanzen aufgenommen und in Blattmasse umgewandelt. Zooplankton filtert, was es filtern kann, vermehrt sich üppig und wird wiederum von anderen Teichlebewesen gefressen. Diese dann wiederum von größeren wie Libellenlarven oder Kaulquappen. Eine leichte Trübung des Teichwassers wird so durch die enthaltenen Lebewesen, vor allem durch einzelliges Plankton, verursacht. Ein Teil der zersetzten Nährstoffe sinkt einfach zu Boden, sedimentiert also, und trägt nicht weiter zur Trübung bei.

Voraussetzungen dafür, dass dieses System auch bei gebauten Teichen so funktioniert, sind die richtige Bauweise, sodass von außen keine zusätzlichen Nährstoffe, zum Beispiel Dünger, eingetragen werden, das richtige Substrat und eine fachgerechte Bepflanzung. Eine gewisse Pflege, also ein Nährstoffmanagement, braucht es schon, will man eher klares, algenarmes Wasser sehen.

Wie Sie einen Teich abdichten, ist für seine Funktionsfähigkeit egal, im Sinne der Welt achte man aber doch auf eine möglichst verträgliche, chemikalienarme Abdichtung.

Sind diese Vorgaben erfüllt, steht einem Lebensraum mit Libellen, Fröschen, Molchen und blühenden Wasserpflanzen nichts mehr im Weg.

Grundsätzlich begegnen uns in englischen Gärten dreierlei Formen von Wasserelementen:

- In den großen Parks der Herrenhäuser und in öffentlichen Parks finden sich große Teiche, teilweise abgedichtet, teilweise sind es Naturgewässer, die nur mit Stegen und zusätzlicher Bepflanzung verschönert wurden.
- In großen sowie kleinen Gärten gibt es formale Becken, teilweise nicht bepflanzt, teilweise bepflanzt, oft mit Quellsteinen oder Skulpturen, meist aber mit zu wenig Pflege, sodass es eher häufig zu Algenbildung kommt.
- Und es gibt Schwimmteiche und Naturpools, die nach mitteleuropäischen Richtlinien und Systemen errichtet, aber durchaus in typisch englische Gärten eingepasst wurden.

Starten wir mit Wisley, dem Flagship Garden der Royal Horticultural Society. Wisley zeigt im Bereich Wassergarten so ziemlich alles – von geometrischen, gemauerten Becken bis zum Naturteich.

Der Wassergarten in Wisley ist über mehrere Ebenen gestaltet

Die gemauerten Becken erstrecken sich über mehrere Ebenen, eine Pumpe bewegt das Wasser zwischen den Becken. Trotz der formalen Gestaltung ist die Anlage dank der Pflanzen ein Lebensraum, den verschiedene Wasservögel, darunter sogar Reiher, gerne besuchen.

Tipp **Obwohl solch große Wasserbecken nicht in einen üblichen Garten passen, kann das Grundsystem – formale Becken auf mehreren Ebenen, fachgerecht mit Teichpflanzen gestaltet – als Inspiration dienen.**

Ein weiteres Beispiel für ein formales Wasserbecken bietet Gotha Gardens in Norfolk (siehe unten). Wenn Sie gerne Sträucher in Form schneiden, könnte solch eine Gestaltung, passend dimensioniert, eine gute Vorlage sein.

Tipp **Die Zwergseerosen blühen dort wunderbar und wenn wir noch mehr Unterwasserpflanzen, wie Laichkräuter oder Hornblatt, dazu pflanzen, bekommen auch die Algen Konkurrenz.**

Seerosen im formalen Wasserbecken in Gotha Gardens in Norfolk

Hier nun ein Vorschlag, diese formale Grundstruktur naturnah zu übersetzen:

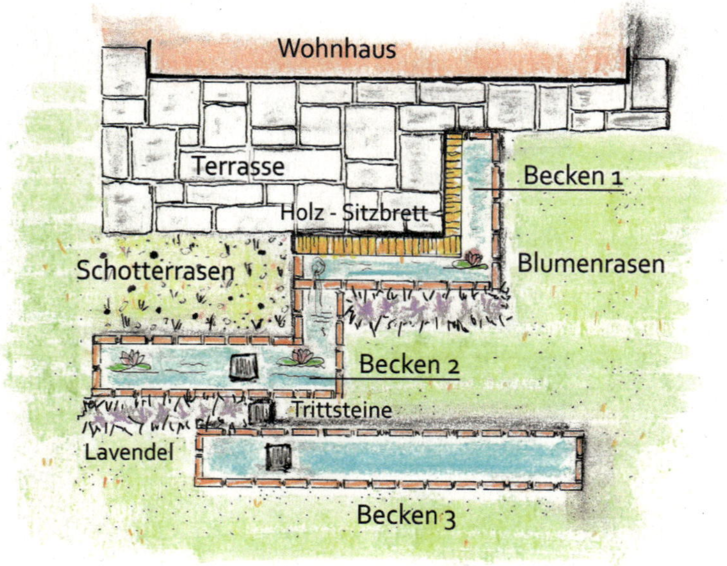

Auf nur 80 m² lässt sich diese Kombination von Terrasse und Wasserbecken wunderbar verwirklichen. Die Terrasse ist mit Großplatten im Splittbett gepflastert. Daneben gibt es 8 m² blütenreichen Schotterrasen, der als Erweiterung der Terrasse dienen kann. Es gibt drei Wasserbecken, das Erste ist auf 50 Zentimeter Höhe aufgemauert und reicht 50 Zentimeter in den Boden. So entsteht eine Wassertiefe von fast 1 Meter, in der sich Seerosen und Unterwasserpflanzen wohlfühlen. An zwei Seiten ist die Mauer mit Holz bedeckt und dient als Sitzmöglichkeit. Der Rand von Becken 2 liegt auf Bodenniveau, die Wassertiefe beträgt 60 Zentimeter. Mithilfe einer Niedervoltpumpe kann Wasser von Becken 2 in Becken 1 gepumpt werden und an der Kante überlaufen. Beide Becken sind aber so bepflanzt, dass die Wasserqualität auch ohne diese Wasserzirkulation gewahrt bleibt.

Becken 3 ist unabhängig von den beiden anderen Becken und hat eine Wassertiefe von nur 30 Zentimetern, sodass hier andere Pflanzen, wie Wasserminze *(Mentha aquatica)*, Gelbe Schwertlilie *(Iris pseudacorus)* und Schwanenblume *(Butomus umbellatus)* wachsen können.

So ist es jetzt ...

... und so könnte es aussehen

Schwungvoll mäandernd führt dieser nur wenige Zentimeter tiefe Bachlauf (Bild oben links) durch das Gelände von Wisley: Die Granitblättchen schaffen eine unregelmäßige Struktur und lassen das Wasser bewegter wirken, als es eigentlich ist. Das allein ist schon hübsch, immerhin können Vögel dort gefahrlos trinken, ist aber nicht die beste Maßnahme zur Förderung der Biodiversität.

Tipp **Als Naturgärtnerin erweitere ich diese Idee und schaffe in der Mitte des Querschnitts vertiefte Rinnen, die ich formal bepflanze (Grafik oben rechts): Schwertlilien eignen sich dafür gut oder auch Gräser. Zwischen den Pflanzgruppen bleiben Abstände, sodass man nach wie vor über das Gerinne steigen kann.**

Ganz einfach nachbauen können Sie dieses Wasserelement aus Pudgin Hall in Cornwall (siehe unten): ein kreisrundes, im Boden versenktes Becken mit etwa 2 Meter Durchmesser und 60 Zentimeter Wassertiefe, bepflanzt mit Zwergseerosen und Unterwasserpflanzen. Peppig wird es durch den Sprudel in der Mitte, der aussieht wie eine Wasserglocke. Man beachte auch den schräg aus dem Wasser führenden Stein, über den abgestürzte Tiere und auch Amphibien, die zur Fortpflanzung ins Wasser gekommen sind, das Becken verlassen können.

Über einen schräg ins Wasser gestellten Stein können Tiere, die ins Wasserbecken gefallen sind, ans Ufer gelangen

Baden ist schön

Bei »Wasser im Garten« darf natürlich solches zum Baden nicht fehlen. Das ist in Großbritannien nicht anders als in Kontinentaleuropa.

Living Water

Schwimmteiche oder »Swimming-Ponds« wurden in den 1980er-Jahren entwickelt, später kamen dann »Naturpools«, »Biopools« oder »Living Pools« dazu. Grundsätzlich funktioniert die Reinigung des Wassers bei einem Schwimmteich wie bei natürlichen stehenden Gewässern (siehe Seite 81). Zusätzlich gibt es aber noch einen abgegrenzten, pflanzenfreien Bereich zum Baden. Es gibt zahlreiche Systeme, mit oder ohne Technik, darauf näher einzugehen, würde allerdings den Rahmen dieses Buches sprengen.

Naturpools werden durch einen Biofilter gereinigt, wobei Wasser aus dem Pool durch Filterkörper mit großer innerer Oberfläche geführt wird, auf denen Bakterienrasen leben, die Nährstoffe aus dem Wasser aufnehmen und in Körpermaße umwandeln. Naturpools zeichnen sich durch glasklares Wasser aus, denn die Nährstoffe sind in den Bakterienrasen gebunden. Ohne Nährstoffe gibt es kein Plankton und folgerichtig auch nicht dessen Fressfeinde. Ohne Nährstoffe gedeihen im Naturpool auch kaum Teichpflanzen, genauso wenig wie Algen.

That's it in a nutshell. Sehr, sehr vereinfacht. Wichtig ist, sich schon vor der Planung die eigenen Bedürfnisse klarzumachen. Brauche ich die ganze Saison über glasklares Wasser und kann Molche nicht ausstehen? Dann sollte es ein Naturpool werden. Ist mein Hobby Biologie, möchte ich am liebsten die ganze Gartensaison über Tiere beobachten? Dann wird es ein Schwimmteich mit Fröschen, Wasserschnecken und Libellen werden.

Neuer Schwimmteich in Southwell ...

... und ein seit 2015 bestehender Teich in Lincolnshire

Englische Beispiele für Schwimmteiche

Die gerade Linie ist gottlos ... so behauptete jedenfalls der österreichische Künstler Friedensreich Regentag Dunkelbunt Hundertwasser. Geboren als Friedrich Stowasser zeigt er auch mit den bunten, organischen Formen seiner Kunst, wie schön Freiheit sein kann.

Schön und frei geschwungen mutet auch die Schwimmteich-Gestaltung in Southwell an, in der Nähe von Nottingham (Bild oben links). Dieser »Swimming Pond« bietet 10 Meter Länge zum Schwimmen, bei 3 Meter Breite. Der Zugang ist auf der einen Seite über einen flachen Strand oder eine Treppe und am anderen Ende über eine Leiter möglich.

Das Sonnendeck verbindet das Badehäuschen mit dem Teich, der Badebereich ist immerhin 2 Meter tief. Das Badehäuschen trägt ein extensives Gründach. So schwirren Libellen über den Teich und Schwalben kommen zum Trinken. Ein geschwungener Bachlauf sorgt für Bewegung, eingebettet in ein üppiges Staudenbeet und in ein Trockenbeet, bepflanzt mit Gräsern und aromatisch duftenden Pflanzen. Diese naturnahe Bepflanzung darf auch über den Winter stehen bleiben. Das Backsteinhaus, direkt gegenüber dem Badehaus gelegen, erinnert uns daran, wo wir uns befinden.

In Gegenüberstellung zu diesem neuen Schwimmteich zeigt sich der seit 2015 wunderbar eingewachsene Teich in Lincolnshire, nördlich von London (Bild oben rechts). Er ist ebenfalls 2 Meter tief und mit einem Biofilter ausgestattet. Seerosen und Blutweiderich wachsen üppig, sie schaffen einen natürlichen Übergang zwischen Wasser und Wildblumenwiese. Hecken ergeben einen schönen Rahmen. Man gelangt von allen vier Seiten in den Schwimmbereich – über Lärchenholzdeck und Steinplatten, »schwebende« Trittsteine zwischen den Röhrichtpflanzen und einen abfallenden Stand. Eine aufwendige Gestaltung, die sich aber von Beginn an bewährt hat.

Englische Beispiele für Naturpools

Sehr harmonisch wirkt auch der sehr junge Naturpool in Marlow, nordwestlich von London (Bild unten links). Ein hybrides Filtersystem schafft es, dass für Wasserpflanzen trotz der effizienten biologischen Filterung noch genügend Nahrung vorhanden ist. Der runde Naturpool wurde an den Rand einer gemischten Hecke gebaut, das gibt angenehmen Rückhalt, wenn man dort den Feierabend genießt. Auch die alten Bäume wurden erhalten.

Ein klassischer englischer Pferdehof in Shropshire und ein pflanzenumrundeter »Living Pool« vertragen sich wunderbar (Bild unten rechts): Die geradlinige, formale Gestaltung des Pools wiederholt die Form des Hauses, wird aber durch die üppige Bepflanzung der Staudenbeete aufgelockert. Die Beete wurden höher angelegt als Pool und Wege, so kommen sie besser zur Geltung. Als Naturgärtnerin würde ich noch einen Teil der Backsteinfassade mit Kletterpflanzen begrünen.

Neuer Naturpool in Marlow ...

... und eine klassische Gestaltung in Shropshire

Let's have a walk!

Ein Spaziergang durch die Gartenräume von Wollerton Old Hall

Englische Gärten zeichnen sich oft durch geschickte Unterteilung des Gartens in verschiedene Gartenräume aus. So wirkt auch ein nicht allzu großer Garten weitläufiger und interessanter, wenn er sich nicht auf den ersten Blick erschließt. Der Garten muss dann mit den Füßen erwandert, nach jeder Kurve, jedem Durchgang neu entdeckt werden.

Für den folgenden Spaziergang habe ich die Gärten von Wollerton Old Hall in Shropshire ausgewählt, die besonders schön die Kombination aus Räumen, Wegen, Bepflanzung und Ausblicken zeigen. Ein paar Bänke zum Entspannen dürfen gerne dabei sein.

Am Übersichtsplan erkennen wir deutlich, wie kleinräumig diese immerhin 1,20 Hektar große Gartenanlage rund um das Herrenhaus aus dem 16. Jahrhundert strukturiert ist. Der Garten selbst wurde hauptsächlich ab den 1980er-Jahren angelegt, sieht aber nach mageren 40 Jahren so aus, als sei er bereits ewig da.

Der Spaziergang beginnt im Eingangsbereich, am Plan bei Nr. 1 (hier pinkfarben umkreist)

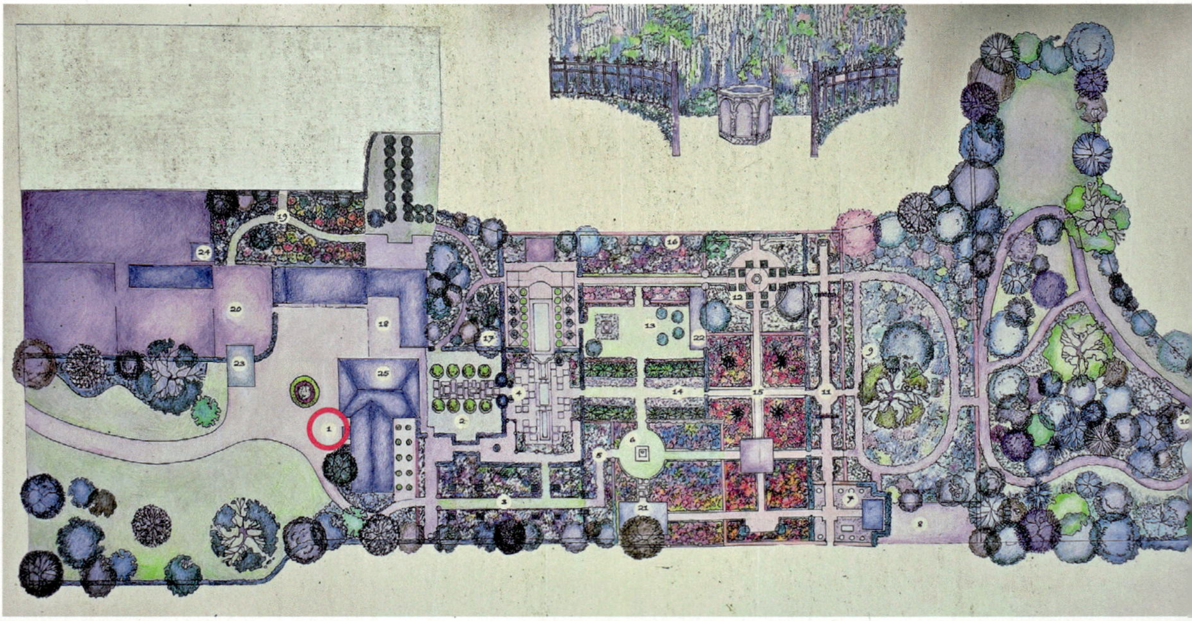

Statt der großblütigen Clematis-Sorte eignen sich auch weniger auffällige Waldreben gut, wie Alpenwaldrebe, Duft-Waldrebe oder Italienische Waldrebe

Rundkies ist die Abdeckung auf dieser begehbaren und befahrbaren wassergebundenen Wegedecke

Schon das Herrenhaus wirkt wie ein Teil des Gartens, die Ziegelfassade ist mit blühenden Clematis begrünt, zu deren Füßen wächst Lavendel, denn Clematis mögen bedeckte Füße. Vor dem Haus wird der Gast auf einer weiträumigen gekiesten, also sickerfähigen Fläche empfangen.

Tipp

Einladend wirken im Eingangsbereich die bei Britinnen und Briten so beliebten Töpfe, bepflanzt mit unterschiedlichen Stauden. Die Töpfe können je nachdem, was gerade blüht, umgestellt werden. Ein System, das sich auch für kleine Gärten eignet: Blühendes in Töpfen kommt in den Hauptbereich oder in den Vorgarten, Knospiges und Verblühtes an den unauffälligen Rand.

Dahlien und Sonnenhüte

Gerade stechen die Dahlien in Gelb- und Orangetönen dank ihrer großen Köpfe besonders ins Auge. Das dürfen die aus Mittelamerika stammenden Dahlien durchaus – sogar aus Sicht der Naturgärtnerin, solange es sich um ungefüllte Sorten handelt, die Pollen und Nektar für die Geflügelten zur Verfügung stellen. Unter den rund 40 000 Sorten der Dahlien wird sich schon etwas finden lassen, das zum gewünschten Farbkonzept passt, denn Dahlien blühen in den unterschiedlichsten Schattierungen fast aller Farben außer Blau.

Schön und ungefüllt im gelborangeroten Farbspektrum sind zum Beispiel die Sorten ‚Dreamy Sunset', ‚Waltzing Mathilda' oder ‚Pride One', alle auch in Bioqualität erhältlich.

Aus dem rosaweißen Spektrum finden sich unter anderem die ungefüllten Sorten ‚Little Swan', ‚Bright Eyes' und ‚Freya's Sweetheart', ebenfalls in Bioqualität.

Angeboten werden inzwischen auch »Dahlien für Bienen« – ein bunter, ungefüllter Mix aus verschiedenen Farben und Größen.

Dahlien blühen lange, ab Spätsommer bis zum ersten Frost, zur Freude spät fliegender Bienen und Hummeln, die Pollen und Nektar sammeln, sowie mehrerer Tagfalterarten, wie Admiral, Zitronenfalter, Tagpfauenauge, Distelfalter oder Kleiner Fuchs. Allerdings sind Dahlien nicht winterhart und müssen frostfrei überwintert werden. Im Herbst werden die Knollen vorsichtig mit der Grabgabel herausgehoben, kurz in der Sonne getrocknet, danach im Keller in Holzkisten trocken, kühl, aber frostfrei überwintert. Es empfiehlt sich, erst einmal mit einigen wenigen, in schöne Töpfe gepflanzten Exemplaren auszuprobieren, ob Ihnen diese Prozedur gefällt, vergisst man nämlich im Herbst das Ausgraben, muss man im Folgejahr ziemlich sicher auf die Pracht verzichten.

Für die aus Mexiko stammenden, ebenfalls nicht winterharten Zinnien gilt sinngemäß das Gleiche.

Die so beliebten Sonnenhüte *(Rudbeckia)* und Scheinsonnenhüte *(Echinacea)* stammen aus Nordamerika, sind deshalb auch bei uns winterhart, blühen reich und ausdauernd in verschiedenen Farben und werden auch von Honigbienen, ein paar Wildbienenarten und zahlreichen Faltern angeflogen. Also können auch sie als einzelne Farbtupfer zwischen Wildstauden dienen.

Sehr schön in dieses Gestaltungsschema passend und ebenfalls winterhart ist das im Garten von Wollerton Old Hall fotografierte Sonnenauge *(Heliopsis helianthoides* var. *scabra* ‚Bleeding Hearts'). Ihr Laub ist im Austrieb fast schwarz, wird dann dunkelpurpur, die Stiele sind schwarzrot, das alles gibt dem Topf – oder Beet – eine interessante Note. Diese Pflanze blüht standfest und wüchsig bereits im Spätsommer des ersten Jahres. Und die »Blutenden Herzen« blühen ungefüllt. Das Sonnenauge,

Scheinsonnenhut (oben)
und Sonnenauge ‚Bleeding Hearts' (unten)

Orangerotes Habichtskraut (oben)
und Ochsenauge (unten)

die kleine Schwester der Sonnenblume, stammt aus Mittelamerika. Ihr Nektarangebot wird als »gut«, das Pollenangebot als »mittel« bewertet. Als Blütengäste finden sich Honigbienen, einige Wildbienen, darunter auch die Dunkle Erdhummel, und Fliegen ein.

Dahlien und Co. im Naturgarten?

All diese gerade genannten Pflanzen sind nicht heimisch – warum gebe ich ihnen als Naturgärtnerin, die am liebsten heimische Pflanzen verwendet, so viel Raum? Nun, das tue ich, weil sie bekannt und beliebt sind, weil viele Gartenbesitzer nicht zur Gänze auf sie verzichten möchten und weil sie besondere Farbakzente, wie dunkles Laub, zur Gestaltung beitragen können. Ich will dabei helfen, diejenigen Sorten auszuwählen, die auch Insektennahrung bieten. Es versteht sich von selbst, dass diese Pflanzen dann als Eyecatcher fungieren, nicht als Flächenpflanzen. Denn natürlich ist es aus naturschutzfachlicher Sicht nicht in Ordnung, den ganzen Garten voll mit exotischen Arten zu pflanzen. Als Flächenpflanzen wählen wir heimische Arten, weil deutlich mehr unterschiedliche Insektenarten sie nutzen, darunter auch Insekten, die auf ganz bestimmte Pflanzenfamilien oder Gattungen angewiesen sind.

Flächig schöne Ton-in-Ton-Begleiter der oben genannten gelborangen Dahlien sind zum Beispiel verschiedene Habichtskräuter, wie das Orangerote Habichtskraut *(Hieracium aurantiacum)*, oder das gelb blühende Ochsenauge *(Buphthalmum salicifolium)*. Wer lieber Gegensätze mag, wählt vielleicht den blitzblauen Großen Ehrenpreis *(Veronica teucrium)* oder den mittelblauen Kriechenden Günsel *(Ajuga reptans)* als Bodendecker dazu.

Fast versteckt zwischen Hortensien führt der Weg in den Garten von Wollerton Old Hall

Kletterhortensien benötigen kein Gerüst, um an der Fassade eines Hauses emporzuwachsen (oben) – ihre Blüten tragen am Rand unfruchtbare Schaublüten, in der Mitte aber auch fruchtbare Blüten, die von einigen Insekten genutzt werden, hier von einem Rosenkäfer (unten)

Hortensien

Zurück zu Wollerton Old Hall. Töpfe und Buchskugeln leiten Gäste direkt zur Haustüre. Der Weg in den Garten ist dagegen fast versteckt, rechts ums Haus herum führt er zwischen Hortensienbüschen in den ersten kleinen Gartenraum.

Zu Hortensien *(Hydrangea)* ist zu sagen, dass sie wirklich wunderschön sind, mit ihren üppigen Blüten, changierend in Weiß, Rosa, Lila und Blau. Also wirklich wunderschön. Aber leider stammen sie nicht nur aus Ostasien, sondern den meisten Gartenformen fehlen auch die fertilen, also fruchtbaren Blüten. Möchten Sie Hortensien unbedingt im Garten haben, wählen Sie am besten Rispen- und Teller-Hortensien, die neben unfruchtbaren Schaublüten am Rand auch zwittrige fruchtbare Blüten in der Mitte besitzen, die von Honigbienen und Hummeln genutzt werden. Netterweise zählt auch die Kletterhortensie dazu, ist sie doch eine der wenigen Kletterpflanzen, die kein Gerüst benötigen. Von den prächtigen Bauernhortensien haben Insekten leider gar nichts.

Ein kleiner Gartenraum mit Buchs und Rosen

Der Weg zwischen den Hortensien öffnet sich in einen kleinen Gartenraum, wo man sich wie in einem Innenhof fühlt (Bild unten). Links wird der Hof vom Gebäude begrenzt, davor ein etwa ein Meter breiter Streifen mit Rosen und Kletterpflanzen. Gegenüber fungieren in Form geschnittene immergrüne Eiben als Abgrenzung zum nächsten Raum mit einer Vorpflanzung aus Rosen und Farnen. Die Hoffläche besteht aus einer sickerfähigen wassergebundenen Decke, bedeckt mit Rundkies. Einfache quadratische Betonplatten dienen als zusätzlicher Rahmen. Im eigenen Garten kann man dafür auch die vor 50 Jahren so beliebten Waschbetonplatten nachnutzen, indem man sie einfach umdreht. Nach kurzer Zeit bekommen auch sie eine malerische Patina, und man sieht ihnen ihre 60er-Jahre-Vergangenheit nicht mehr an.

Als Blickfang dient die Bank, eingefasst von großen Terrakottatöpfen mit Buchskugeln.

Früher oder später musste es passieren – um das Thema »Buchs« kommen wir im englischen Garten nicht herum.

Buchs *(Buxus sempervirens)* ist an sich eine sehr praktische Gartenpflanze, in Südwesteuropa und Mitteleuropa ist sie heimisch, in Österreich eingebürgert, stammt aus wärmeliebenden ozeanischen Klimalagen. Der Buchs ist immergrün, anspruchslos und schnittverträglich. Sogar so schnittverträglich, dass aus ihm Säulen, Kugeln, Bögen und unterschiedlichste Tierfiguren geschnitten werden können.

Doch auch hier gibt's leider eine Schlange im Paradies. Diese Schlange heißt Buchsbaumzünsler und hat die Form eines unauffälligen aus Ostasien eingeschleppten Kleinschmetterlings. Der Buchs wird von dessen Raupe buchstäblich aufgefressen.

Chemische Bekämpfungsmittel kommen im Naturgarten ohnehin nicht in Frage, aber auch im Biolandbau verwendete Mittel wie Bacillus thuringiensis (Bt) haben ihre Nachteile. Dieses Bakterium (Bt) tötet die Larve des Zünslers, auch gegen die Larven von Stechmücken oder Eichenprozessionsspinnern kann das Präparat eingesetzt werden. Bt-Präparate wirken selektiv gegen frei fressende Larven, das heißt Larven verschiedener Insekten, die sich frei auf der Pflanze bewegen, während sie fressen. Für mich ist naheliegend, dass neben dem Zielorganismus Buchsbaumzünsler auch andere frei fressende Schmetterlingsraupen für das Gift empfänglich sein dürften. Das möchte ich in meinem Garten, der nicht dem Erwerb dient, jedenfalls vermeiden. Hausmittel wie das Absammeln der Raupen per Hand, Bekämpfung mit einem Hochdruckreiniger, Verhüllen mit einem schwarzen Abfallsack klingen nicht sehr erfolgsversprechend und schlichtweg mühsam.

Warum sehen wir in den englischen Gärten trotzdem so viel Buchs? Ich fürchte, das ist deshalb so, weil englischen Gärtnern und Gärtnerinnen das Erscheinungsbild oft heiliger ist als die Biodiversität. Sie verwenden einfach die wirksamsten und damit giftigsten Pestizide.

Was tun?

Die naturnahe Lösung heißt, keinen Buchs zu verwenden. Auch Eiben lassen sich gut in Form schneiden, und es gibt einige neue Zwergsorten von Rhododendron, Berberitze, Stechpalme oder Liguster, die sich ebenfalls als Kugel im Topf eignen.

Oder darf etwas anderes in den Topf? Etwas, von dem auch Insekten profitieren? Ein prächtiger Lavendel oder Salbei vielleicht? Im hier gezeigten Beispiel von Wollerton Old Hall geht es vor allem um die Symmetrie der beiden Töpfe an den Seiten der

Bank, da passt im Grunde alles, das eher eine kompakte Form zeigt. Vielleicht auch Ginster oder Zwergflieder. Oder auch Hauswurzen oder Efeu, wie auf den beiden Bildern aus dem Royal Horticultural Garden Wisley zu sehen ist (nebenstehende Seite). Der Efeu braucht, um in Kugelform zu kommen, ein entsprechend geformtes Gittergerüst, durch das er ranken kann und das als Vorlage für den Schnitt dient.

Gut eignen sich auch Hortensien, wie im Beispiel aus meinem Lieblingsgarten Cruckfield House in Shropshire (siehe Bild unten links). Hortensien müssen in schwere Töpfe gepflanzt werden, damit sie durch ihren üppigen Wuchs kein Übergewicht bekommen. Auch Tellerhortensien passen gut. Man beachte, dass die Töpfe das Tor nicht unbegleitet flankieren. Die Begleiterin ist hier eine Funkie, als heimische Alternative schlage ich Akeleien, Witwenblumen oder vielleicht einen Farn vor.

Alternative für Buchs:
Hortensien im Topf

Rose ‚The Charlatan'

... und Rosen

Fast alles aus diesem Gartenraum in Wollerton Old Hall kann eins zu eins in eine naturnahe Planung übernommen werden. Solange Sie ungefüllte Rosen wählen, haben Sie als Naturgärtnerin und Naturgärtner großen Spielraum, was Wuchshöhe und Blütenfarbe der Rosen betrifft.

Wunderschön ist beispielsweise die bis zu drei Meter hoch werdende Hechtrose *(Rosa glauca),* eine Wildrose. Durch regelmäßigen Schnitt kann man sie auch kompakter halten. Oder die von der Royal Horticultural Society empfohlene *Rosa* ‚The Charlatan' (Synonyme: ‚Maiguimov', ‚Sweet Pretty'), eine etwa 20 Jahre alte Züchtung, deren

Bilder links: Noch mehr Alternativen für Buchs:
Hauswurz (links) und Efeu (rechts) im Topf

auffällige Staubgefäße geradezu eine Einladung für Insekten sind. Auch so manche noch neuere Züchtung ist bienenfreundlich und trägt diesen Wunsch sogar im Namen, wie die 2015 in Deutschland gezüchtete ‚Bee lovely' in intensivem Rosenrot mit auffälligen Staubgefäßen.

Naturnah auf kleinstem Raum

Aus diesem ersten Innenhof gelangt man auf ein Stück Weg, das auf kleinstem Raum mehrere naturnahe Elemente bietet – den wasserdurchlässigen Kiesweg selbst, dessen geradlinige Wegeführung durch darüber wachsende Stauden aufgelockert wird (Bild unten). Dazu ein dekoratives Holzelement, das als Grenze zwischen zwei Gartenbereichen und zugleich als Rankhilfe für eine Clematis dient. Und im Hintergrund die Ziegelmauer als Klettermöglichkeit für Efeu und als angenehm schützendes Element. Efeu ist zudem wintergrün, dient als Nistplatz für Vögel, und seine späten Blüten im Herbst und frühen Winter sind wichtige Insektennahrung, – an einem einzigen Blütenstand tummeln sich oft die unterschiedlichsten Arten, von Schwebfliegen bis Rosenkäfer.

Eine Bank mit hohen Stauden

Weiter geht es auf einem Plattenweg im Splittbett mit breiten, bewachsenen Fugen zwischen den Platten. Rechts schließt eine Art Schroppenpflaster aus großen Rundkieseln an. Für solch eine Pflasterung werden Flusskiesel aufrecht in ein Splittbett geklopft. Ziel des Weges ist die Bank, eingefasst mit Stauden, die über den Weg wachsen dürfen (Bild oben). Einerseits ist der Weg, der Platz formal, gerade, rechteckig – andererseits brechen die Stauden seine Linearität.

Ein Vorschlag für dieses Bild mit heimischen Wildstauden

Möchten Sie dieses Staudenbeet mit heimischen Wildstauden nachbauen, schlage ich dafür die folgenden Arten vor – links im Bild den Rainfarn *(Tanacetum vulgare)* statt der dort wachsenden Sorte der Goldgarbe *(Achillea filipendulina)*. Hinter der Bank sehen wir den Goldkolben *(Ligularia przewalskii)*, der aus Nord-China stammt, in der Literatur aber als Bienenweide genannt wird. Insofern hätte er eine Berechtigung, wer aber bei heimischen Arten bleiben möchte, kann stattdessen eines der mit *Ligularia* verwandten Greiskräuter *(Senecio)* wählen. Es ist nur darauf zu achten, dass die gewählte Art eine Wuchshöhe von etwa 1,50 Metern erreicht, um tatsächlich hinter der Bank hervorzuleuchten.

Bild links: Diese Gestaltung vereint mehrere naturnahe Elemente auf kleinstem Raum

Allerdings sind alle Arten der Gattung *Senecio* giftig, das heißt es darf nicht so verwendet werden, dass ein Greiskraut im Heu landet und von Vieh gefressen werden kann. Auch Imker haben keine rechte Freude damit, macht es doch den Honig giftig und bitter. Einige Nachtfalter verbringen aber ihren gesamten Lebenszyklus auf *Senecio,* darunter Jakobskrautbär, Blutbär, Schönbär und Brauner Bär, deren Raupen das Gift sogar speichern können, um so selbst bitter und giftig zu werden.

Tipp

Zusammenfassend gesagt, würde ich Ihnen *Senecio* nur dann empfehlen, wenn Sie eine besondere Liebe zu Schmetterlingen haben und es auch nur in geringer Stückzahl pflanzen und keinesfalls verfüttern.

Als harmlose und sogar als Heilpflanze genutzte Alternative empfehle ich den Gelben Enzian *(Gentiana lutea),* er kann bis zu 60 Jahre alt werden, also eine gute Investition.

Alternativen für den Goldkolben hinter der Bank (siehe Foto vorige Seite):
Gelber Enzian (hier im botanischen Garten in Bad Aussee) ...

In sehr sonniger Lage auf mageren Böden eignen sich auch höherwüchsige Königskerzen *(Verbascum)* gut, die für die Tierwelt als Nahrungsquelle, Baustofflieferant und Unterschlupf wertvoll sind. Königskerzen produzieren keinen Nektar, locken aber mit ihren Pollen Schwebfliegen, Honigbienen, Hummeln, einige Furchenbienenarten und Käfer an. Von Blättern, Blüten und Früchten ernähren sich einige Nachtfalter und ihre Raupen, wie etwa der Wollkrautmönch. Wollbienen polstern ihre Brutzellen mit abgeschabter Pflanzenwolle der Königlichen, andere Wildbienen finden in den abgestorbenen, markhaltigen Stängeln passende Nistplätze.

... Nachtkerze ...

... oder Königskerzen
(hier die Großblütige Königskerze)

Tipp **Lassen Sie also die Stängel als Wintersteher bis zum nächsten Sommer stehen.**

Eine höherwüchsige Königskerze ist unter anderem die Kandelaber-Königskerze *(Verbascum olympicum),* die sogar 1,80 Meter hoch werden kann. Sie stammt zwar aus Griechenland und der Türkei, wird aber von mitteleuropäischen Insekten gerne genutzt. Auch Großblütige Königskerze *(Verbascum densiflorum),* Kleinblütige Königskerze *(Verbascum thapsus)* und Mehlige Königskerze *(Verbascum lychnitis)* eignen sich. Wie meistens gibt es auch hier ein Aber – all diese höherwüchsigen Königskerzen-Arten sind nur zweijährig, also kurzlebig. Sie bilden im ersten Jahr eine Blattrosette aus, blühen prächtig im zweiten Jahr, manchmal noch einmal im dritten Jahr. Auf offenem Boden vermehren sie sich aber durch Aussaat von selbst.

Tipp **Will man jedes Jahr blühende Königskerzen sehen, so pflanzt man in zwei aufeinanderfolgenden Jahren knospige Exemplare, den Rest übernimmt dann Mutter Natur.**

Eine weitere Alternative ist die Nachtkerze, die sich ebenso verhält wie Königskerzen. Die Nachtkerze *(Oenothera biennis agg.)* stammt zwar aus Nordamerika, hat in Mitteleuropa aber schon verschiedene Sippen gebildet, sich sozusagen integriert, und ist vor allem eine wertvolle Nachtfalterpflanze. Im Siedlungsraum, der nicht direkt an die Kulturlandschaft grenzt, verwende ich die Nachtkerze mit ihren in der Dämmerung duftenden und leuchtenden Blüten durchaus. *Oenothera* steht auf dem Speisezettel von langrüsseligen, nektarsuchenden Bienen und Hummeln, zum Beispiel Ackerhummel und Waldhummel. Und vor allem werden die Blüten von dämmerungs- und nachtaktiven Faltern genutzt, wie etwa Windenschwärmer und Weinschwärmer. Auch ein tagaktiver Nachtfalter, das Taubenschwänzchen, ein Klimawandelfolger, liebt Nachtkerzen.

Die gelbblühende Staude rechts im Bild (auf Seite 97) ist eine Wildstaude, der Gilbweiderich *(Lysimachia vulgaris),* die übernehmen wir gerne in die naturnahe Adaption. Direkt davor erkennt man eine knospige orangerote Lilie, statt dieser könnten Sie die heimische Feuerlilie *(Lilium bulbiferum)* nehmen, die nur leider auch bei Schnecken beliebt ist.

Gut passt zum Gilbweiderich als Kontrapunkt auch ein intensives Blau, wie der Langblatt-Ehrenpreis *(Veronica longifolia).* Die beiden passen auch vom Standort her gut zusammen, es darf gerne etwas feucht und nährstoffreich sein.

Das intensive Blau des Langblatt-Ehrenpreises passt gut zum Gelb des Gilbweicherichs. Beide mögen einen etwas feuchten und nährstoffreichen Standort.

Die hohe Pflanze hinter dem Gilbweiderich rechts im Bild (auf Seite 97) ist eine Aster: Da empfehle ich, im Sinne der spät fliegenden Bienchen eine spät blühende, hohe Asternsorte wie ‚Violetta' zu nehmen. Ihr dunkles Violett passt auch zu einem Gelb und Orange. Orange wäre ein Bodendecker, den ich vor ‚Violetta' einplane, das Orangerote Habichtskraut *(Hieracium aurantiacum).*

Dann ist da noch die großblättrige, rotlaubige Pflanze links im Bild. Rotlaubiges kommt unter den heimischen Wildpflanzen nicht vor, also könnte man – wie in Wollerton Old Hall – eine rotlaubige Sorte des Kreuzkrautes nehmen, zum Beispiel *Ligularia dentata* ‚Britt-Marie Crawford' oder ‚Othello'. Oder wir ersetzen »rotlaubig« durch »besonders auffällige Blätter«, zum Beispiel Bärenklau *(Acanthus mollis* oder *A. spinosus).* Die drei bei uns winterharten Acanthus-Arten stammen aus dem Mittelmeerraum und werden von Hummeln und Holzbienen gerne angenommen.

Storchschnäbel

Weiter geht es in Wollerton Old Hall über einen Plattenbelag im Splittbett mit Fugen, eingefasst mit Storchschnabel-Arten *(Geranium)* (Bild oben links). Aus der Palette heimischer Storchschnabel-Arten können Sie für halbschattige Bereiche den Braunroten Storchschnabel *(Geranium phaeum)* wählen oder den Wald-Storchschnabel *(Geranium sylvaticum)*, für sonnige Standorte besser den Wiesen-Storchschnabel *(Geranium pratense)*. Der Weg führt zu einem idyllischen, überdachten Sitzplatz (Bild oben: rechts unten).

Passende Storchschnabel-Arten gibt es sowohl für sonnige Standorte als auch für schattige Bereiche: im Bild oben rechts der Braunrote Storchschnabel

Wasser

Nach ein oder zwei Abzweigungen gelangen wir in den Wassergarten von Wollerton Old Hall. Dieser Bereich ist abgesenkt und nur über drei Stufen zu erreichen. Blickt man zurück Richtung Haus, ist der Raum mit einer Klinkermauer begrenzt. Dank der Pflanzen ist sie nur teilweise sichtbar, ebenso wie das Haus nur im kleinen Ausschnitt zu sehen ist. Das macht es spannend.

Blick aus dem Wassergarten zurück zum Haus

Drei Stufen führen in den abgesenkten Wassergarten-Raum von Wollerton Old Hall

Passend zu der grundsätzlich formalen Gestaltung der gesamten Anlage sind auch die Wassergräben rechteckig und von Steinquadern eingefasst. Wasserpflanzen und wasserbewohnenden Tieren ist die Form grundsätzlich egal, im Beispielgarten bräuchte es allerdings noch eine Ausstiegshilfe für Tiere. Näheres zum Thema »Teich« finden Sie ab Seite 80.

Tipp

In der naturnäheren Version dieses Wasser-Gartenraumes wählen wir statt der Buchskugeln Eiben, die halbkugelförmig geschnitten werden. Die Formhecke dahinter besteht ebenfalls aus Eiben. Tellerhortensie, ungefüllte Rosen und Clematis werden ins naturnahe Konzept übernommen. Die Wassergräben werden dichter bepflanzt, und statt der blasslila Sorte würden wir die heimische Wasser-Schwertlilie *(Iris pseudacorus)* wählen, im Bild rechts unten. Dazu ein paar Röhrichtpflanzen, die gut mit dieser Wassertiefe von etwa 15 Zentimetern zurechtkommen, wie etwa Tannenwedel *(Hippuris vulgaris)* oder Schwanenblume (Butomus umbellatus), im Bild links unten.

Eine Einladung

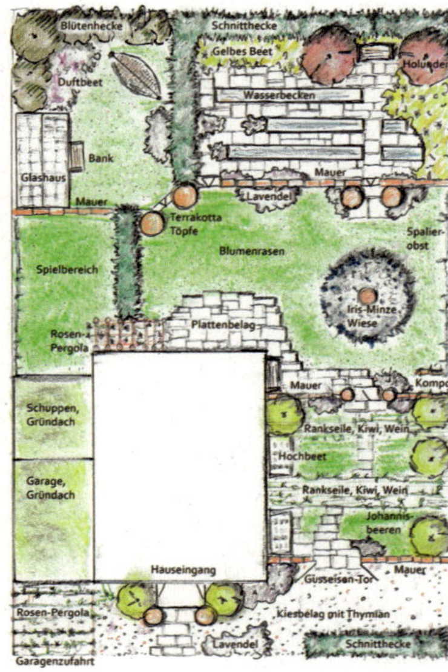

Grafik siehe auch Seite 105

Das Schöne an der Kleinräumigkeit der großen englischen Gärten ist, dass auch Besitzer und Besitzerinnen kleinerer Grundstücke, also wahrscheinlich wir alle, sich von einzelnen Räumen inspirieren lassen können.

Angelehnt an die vielen gezeigten Beispiele, vor allem aber an Wollerton Old Hall, habe ich einige der Ideen in einem 600 m² großen Garten untergebracht: ein typischer Garten im Format 20 × 30 Meter, mit Einfamilienhaus, angebauter Garage und Schuppen, wie man ihn wohl in allen Vororten und Dörfern findet.

Das Grundstück weist ein leichtes Gefälle vom Haus weg zur hinteren Grundstücksgrenze auf und ist an der rechten Grundstücksseite mit einer etwa zwei Meter hohen Ziegelmauer begrenzt.

Der Vorgarten bekommt zur Straße hin keinen Zaun, nur ein Teil wird mit einer Eiben-Schnitthecke abgegrenzt. Dahinter werden Abfallbehälter und Fahrräder unsichtbar. Eine Rosen-Pergola überspannt die Zufahrt zur Garage, in etwa so wie im Garten von Cruckfield House (siehe Bild Seite 73). Die Zufahrt ist mit großen Steinplatten im Splittbett gepflastert. Die gleichen Platten finden sich überall im Garten, wo häufig gegangen wird, und auf der Terrasse. Neben Büschen, Terrakottatöpfen und Stauden gibt es im Vorgarten eine wassergebundene Wegedecke, abgedeckt mit Rundkies und fleckenweise mit Thymian bepflanzt, nach dem Beispiel von Sunningdale House (siehe linkes Bild Seite 63). Rechts und links des Hauseingangs werden Tellerhortensien gepflanzt und Töpfe mit blühenden mehrjährigen Wildblumen, die gerade Saison haben, aufgestellt. Lavendel wächst im ganzen Garten an verschiedenen Stellen, um Mauern oder Übergänge zu betonen. Wer mag, kann ihn auch mit Salbei mischen, beide werden in Bezug auf die Pflege gleich behandelt.

Zwischen der Hauskante rechts und der Mauer zum Nachbarn wird eine ebenfalls zwei Meter hohe Ziegelmauer errichtet, am besten aus mehrfach gebrannten alten Ziegeln oder Klinkern, in die ein Gusseisentor eingebaut wird. So kann niemand ohne Schlüssel in den Hauptgarten gelangen. Vorbild dafür ist der Ausgang von Wollerton Old Hall zum Weg (siehe Bild Seite 70). Erfragen Sie aber bitte immer die örtlichen Baubestimmungen, bevor Sie eine beschriebene (so hohe) Mauer nachbauen. Dieser Bereich zwischen Haus und Mauer ist recht sonnig und windgeschützt, er eignet sich gut als Nutzgarten mit Hochbeeten, Johannisbeersträuchern und Lavendel.

Bilder links: Schwanenblume (links) und Wasser-Schwertlilie (rechts)

Rankhilfen für Kiwi und Wein überspannen ihn zum Teil. Die Räume, die sich dort durch die Wegeführung ergeben, können als Blumenrasen, Erdbeerwiese, Kartoffelacker oder Staudenbeet gestaltet werden. Eine niedere Ziegelmauer mit je einer Säule rechts und links vom Durchgang markiert den Übergang zum Hauptgarten.

Um die relativ große Freifläche dahinter zu strukturieren, wird in deren Mitte ein rundes Staudenbeet platziert, zum Beispiel eine Iris-Minze-Wiese in Blautönen oder man bleibt bei Gelbtönen mit Gelben Schwertlilien, Gilbweiderich und Orangerotem Habichtskraut. Die Fläche wird als Mischpflanzung angelegt, so entsteht ein naturnahes Bild. In die Mitte des Beetes kann gerne, wenn es gefällt, eine Statue, Säule, Amphore oder Ähnliches gestellt werden.

An der Mauer rechts des runden Beetes kann Spalierobst wachsen, auch Rosen oder andere Kletterpflanzen passen gut. Immer gerne mit einer Staudenvorpflanzung.

Der leichte Hang wird terrassiert, sodass der Garten vom Haus weg nur noch 3 Prozent Gefälle hat, die zweite Ebene liegt etwa 50 Zentimeter tiefer. Der Höhenunterschied wird mit einer Mauer abgefangen. Die Mauer zeigt auf der oberen Ebene eine Höhe von etwa 45 Zentimetern, ist von unten gesehen also 95 Zentimeter hoch. So entsteht im hinteren Gartenbereich ein vertiefter Senkgarten, in dem mehrere schmale Wasserbecken eingebaut werden.

Der Ruhebereich um die Sitzbank im Wassergarten ist inspiriert von der Staudengestaltung in Gelbtönen in Wollerton Old Hall und wird von rotlaubigen Holunderbüschen flankiert. Eine Eiben-Schnitthecke fasst den Wasser-Senkgarten ein. Links davon bleibt ein Bereich für ein kleines weißes Glashaus – im Stil wie das Glashaus im Garten von Edge Villa (siehe Bild Seite 71). Dazu eine Blütenhecke aus heimischen Sträuchern, ein Duftbeet und Platz für eine Hängematte, der ideale Rückzugsraum.

Die Fläche am Weg zum Schuppen bleibt einfach Blumenrasen, dort kann Tischtennis, Federball oder Boule gespielt werden. Oder die Kids können ein Zelt aufstellen. Jeder soll schließlich ein Eckchen vom Garten abkriegen. Dieser Spielbereich wird vom Hauptgarten ebenfalls mit einer Eiben-Schnitthecke getrennt.

Noch mehr Struktur

Noch mehr Struktur entsteht, indem das runde Beet erhöht wird. Setzt man in die Mitte eine schöne Steinmetzarbeit, zum Beispiel eine Amphore, wird es noch charmanter. Als Bepflanzung eignen sich dann in sonniger Lage Zypressen-Wolfsmilch (Euphorbia cyparissias), *im Halbschatten Mandel-Wolfsmilch* (Euphorbia amygdaloides). *Wolfsmilch-Arten haben zwar keine sehr auffälligen Blüten, sind aber Nahrung für verschiedene Schwärmer, zum Beispiel Wolfsmilch-Schwärmer, Fliegen und Schwebfliegen. Verschiedene Lauch-Arten lockern die Pflanzung auf. Am Fuß der Einfassung passen Frauenmantel* (Alchemilla vulgaris) *und Hirschzungenfarn* (Asplenium scolopendrium) *gut.*

Blütenhecke
Schnitthecke
Gelbes Beet
Holunder
Duftbeet
Wasserbecken
Bank
Glashaus
Mauer
Lavendel
Mauer
Terrakotta
Töpfe
Spalier-
obst
Blumenrasen
Spielbereich
Iris-Minze
Wiese
Plattenbelag
Rosen-
Pergola
Mauer
Kompost
Schuppen,
Gründach
Rankseile, Kiwi, Wein
Hochbeet
Garage,
Gründach
Rankseile, Kiwi, Wein
Johannis-
beeren
Hauseingang
Mauer
Gusseisen-Tor
Rosen-Pergola
Kiesbelag mit Thymian
Lavendel
Schnitthecke
Garagenzufahrt

Englische Gärten
gestalten –
die Pflanzen!

The English Rose

Rosen für jeden Garten, ob groß oder klein

Die Rose ist wohl die in vielerlei Hinsicht am meisten mit Bedeutung beladene Blume. Die »Königin der Blumen« gilt als Symbol für Liebe, Schönheit, Wiedergeburt, Reinheit, Perfektion, Leidenschaft und vieles mehr. Rote Rosen stehen für die romantische, leidenschaftliche Liebe, gelbe Rosen sind ein Zeichen der Freundschaft und Dankbarkeit, der platonischen Liebe und von Respekt.

Die Rose ist auch Englands Nationalblume, genauer gesagt ist das die Tudor-Rose. Außen rot, innen weiß, steht sie für die Vereinigung der beiden kriegerischen Dynastien Lancaster, symbolisiert durch den roten Anteil, und York, vertreten durch die Farbe Weiß. Durch die Beendigung des »War of the Roses«, der ein Vierteljahrhundert dauerte, mittels einer Kombination aus Sieg und Heirat entstand das »House of Tudor« mit eben dieser kombinierten Rose, die sich in zahlreichen Wappen und Emblemen wiederfindet, als Symbol für Frieden und Vereinigung.

»The English Rose« ist auch eine Bezeichnung für den Archetypen, vielleicht eher für eine Wunschvorstellung der »Englischen Frau« oder eher des Mädchens von unschuldiger, natürlicher Schönheit, beschrieben meist mit blasser Haut, einem Hang zum Erröten, wallendem Haar und gesenktem Blick. »She's a real English Rose« ist als Kompliment gemeint, passt aber eher in die 1950er-Jahre als in unsere Zeit.

Aber fest steht, schon eine einzelne Rosenblüte, hier begleitet vom bescheidenen Zimbelkraut, kann das Herz berühren (Bild unten).

Die Büschelrose, eine Ramblerrose aus Ostasien (links), und die gestreifte Bourbon-Rose ‚Variegata di Bologna' (rechts)

Rosen in Fülle und Vielfalt

Für fast jeden sonnigen Standort und Verwendungszweck gibt es passende Rosenarten und Rosensorten. Rosen gedeihen am besten in einem mittelschweren Boden, der Lehm, Humus und Sand enthält, weil dieser nicht nur Nährstoffe und Wasser gut halten kann, sondern auch durchlässig und locker ist. Staunässe mögen Rosen gar nicht, Schatten auch nicht. Direkt an der Hausmauer kann es wiederum passieren, dass sich die Luft durch starke Sonneneinstrahlung, verstärkt durch die Reflexion des Gebäudes, sehr stark erhitzt und trocken wird. Dann verbrennen die Blätter leicht und die Blüten welken schneller. Trockenheit mit 20 °C kann zu Echtem Mehltau an der Blattoberseite, hohe Luftfeuchtigkeit mit 20 °C zu Falschem Mehltau an der Blattunterseite führen.

Tipp **Zusammengefasst setze man Rosen in den richtigen Boden, in sonniger, luftiger Lage, dünge sie regelmäßig mit organischem Dünger, Kompost, Hornspänen und Algenkalk und achte auf eventuelle Schadbilder. Die Wahl von Wildarten und robusten Sorten ist auch kein Fehler.**

Es gibt zahlreiche Gruppen, in die Rosen eingeteilt werden: Zentifolien, Moosrosen, Teehybriden und dergleichen mehr. Wenn es Sie näher interessiert, ziehen Sie gerne ein Rosenfachbuch hinzu.

Für die naturnahe Gestaltung ist es interessant zu wissen, dass heimische Wildrosen und ungefüllte Sorten für Insekten am nützlichsten sind. Zu den Wildrosen zählen – neben vielen anderen – die einfache Hundsrose *(Rosa canina)*, die Essigrose *(Rosa gallica)* und die Hechtrose *(Rosa glauca)*. Sie alle bieten Staubgefäße mit Pollen und Nektar für Insekten und später auch Hagebutten, an denen sich im Winter Vögel freuen. Nutzen für Bienchen und Co. bringen auch ungefüllte Sorten, wie die Büschelrose *(Rosa multiflora)*, eine Ramblerrose aus Ostasien. Achten Sie bei dieser aber auf den Standort, denn die Büschelrose kann invasiv werden.

Ungefüllte Rosen sind nützlich für Insekten, aber gefüllte Rosen sind so schön! Besonders schön sind klassische historische Rosen mit ihren schweren, kugelförmigen Blüten. Sie dürfen auch gerne in den Garten, nur sollten es eben nicht ausschließlich solche sein. In meinem Garten findet sich beispielsweise ‚Variegata di Bologna', eine gestreifte Bourbon-Rose, die aber in der dichten Hecke in Konkurrenz mit der Hundsrose immer den Kürzeren zieht.

Neue Englische Rosen

Ein Nachteil, wenn man so will, der historischen Rosen ist, dass sie zwar extrem üppig und meist auch gut duftend blühen, dies aber meist nur einmal im Jahr, und manchmal sind sie auch anfällig für Krankheiten.

Der Züchter David Austin war damit nicht zufrieden und begann bereits in den 1960er-Jahren in Shrophire »Englische Rosen« zu züchten. Es wurden dafür besonders schöne und duftende alte Rosen ausgewählt und mit Teehybriden und Floribundarosen gekreuzt, um ein breiteres Farbspektrum und zuverlässige Remontierfähigkeit (die Fähigkeit, mehr als einmal im Jahr zu blühen) zu erreichen. Robust und krankheitsresistent sollten sie ebenfalls sein.

Es gelang: Von den historischen Rosen bekamen die Englischen Rosen das üppige romantische Aussehen, oft mit schalenförmigen Blüten, und den Duft, von den Teehybriden die Remontierfähigkeit und die Resistenz gegen Infektionskrankheiten. Bekannte Sorten sind unter anderem ‚Gertrude Jekyll', ‚Graham Thomas' oder ‚Heritage'. In Chenies Manor House konnte ich die Strauchrose ‚Olivia Austin' fotografieren.

oben: Strauchrosen werden auch oft verwendet, um Durchblicke zu schaffen,
weil sie mit ihrem lockeren Wuchs sehr schön als Einzelpflanze stehen können.
Hier im Garten von Manor Farm finden sich ungefüllte und gefüllte Rosen in trauter Eintracht.

unten: Gefüllte Rosen, egal, ob historische oder modernere, eigen sich wunderbar als Einzelpflanze an Mauern, wie hier in Chenies Manor

Kletterrosen

Und damit sind wir schon beim Thema »kletternde Rosen« gelandet. Sie sind ein wesentlicher Bestandteil englischer Gärten, indem sie malerische alte Gebäude und Mauern mit den idyllischen Gartenlandschaften verbinden.

Im Garten von Manor Farm in Norfolk findet sich eine prächtige Kletterrose, die 1945 gezüchtete halbgefüllte ‚City of York' (Bilder der cremefarbenen Rose unten). Dort sieht man auch deutlich, wie einfach Kletterrosen an Gebäuden befestigt werden können: Drähte sind entweder an Haken in der Mauer oder an stabilen Säulen rechts und links befestigt. Mit Spannschlössern ist gewährleistet, dass der Draht immer wieder nachgespannt werden kann, auch wenn das Gewicht der Rose darauf drückt.

Spannschlösser gewährleisten straffe Drähte

Mit einfachen Haken werden die Rosentriebe an die Drähte herangeführt

Damit sie nicht zu wild wuchern, aber fleißig Blüten treiben, schneidet man Kletterrosen regelmäßig. Dabei wird zwischen einmal blühenden Ramblerrosen und öfter blühenden Kletterrosen, auch »Climber« genannt, unterschieden. Rambler werden einmal im Jahr, im Frühjahr geschnitten und blühen ab Juni.

Climber blühen von Ende Mai bis Anfang Juli, dann wieder ab August bis zum Frost. Durch geschickte Sortenwahl kann ein Rosengarten den ganzen Sommer über durchblühen. Man schneidet Climber zweimal, zuerst im Frühling und dann im Sommer nach der ersten Blüte. Climber haben ein Grundgerüst aus kräftigen

Hauptästen, aus denen die blütenbesetzten Nebentriebe wachsen. Im Frühjahr, zur Forsythienblüte, schneidet man die Nebentriebe bis auf drei Augen zum Grundgerüst zurück. Die biegsamen Triebe, die dann aus den Augen austreiben, werden locker, am besten mit verrottbaren Schnüren an die horizontalen Drähte gebunden.

Ein schönes Beispiel für Fensterumrahmung mit der David-Austin-Rose ‚Rambling Rector' sehen wir im Garten von Hindringham Hall in Norfolk (Bild unten). Den Platz muss sie sich mit einer Glyzinie teilen. In solch einem Fall müssen helfende Hände eingreifen, sonst geht das Ringen zu Lasten der Rose aus.

Altersgerechte Pflege

Bei älteren, unten schon verkahlten Rosen – das gilt für alle Wuchstypen – werden zusätzlich zum jährlichen Schnitt einzelne der alten Triebe bodennah abgeschnitten. Wenn dieser bodennahe Rückschnitt funktioniert, die Rose also von unten wieder nachtreibt, fein, dann kann man jedes Jahr einzelne alte Triebe auslichten. Wenn nicht, wird der kahle Fuß mit höher wachsenden Stauden kaschiert.

In Hindringham Hall wird die pinkfarbene Bourbon-Rose ‚Zepherine Droughin' mithilfe von Drähten an der Mauer in eine Richtung geleitet, von der anderen Seite erobert eine Kletterhortensie Mauer und Tor

Rosenbegleiter

Und schon sind wir, ganz unbemerkt, bei den Rosenbegleitern gelandet. Jede Königin braucht Fußvolk, dieses soll sie unterstützen und ihrer Schönheit zur vollen Geltung verhelfen, darf ihr aber keine wirkliche Konkurrenz machen.

Maximal kniehohe Stauden, wie (im Bild unten) in Chenies Manor die Katzenminze *(Nepeta cataria)* als Begleitung für ‚Olivia Austin', erfüllen diese Vorgaben. Die Gattung *Nepeta* umfasst etwa 250 sommergrüne Stauden-Arten und stammt aus dem Mittelmeerraum. Sie ist also nicht heimisch, wird aber durchaus von Bienen und Hummeln umschwärmt. Werden diese Stauden nach der Blüte zurückgeschnitten, folgt eine gar nicht so schlechte Nachblüte.

Die blau blühende Katzenminze ist eine passende Begleiterin für viele Rosen (links) – großwüchsige Rosen oder Kletterrosen lassen auch größere Begleiter gelten, zum Beispiel Artischocken mit ihren ausdrucksstarken Blättern (rechts)

Katzenminze benötigt etwas weniger nährstoffreichen Boden als Rosen. Lavendel, Salbei, Oregano, Currykraut oder Thymian passen zwar optisch sehr gut zu Rosen, brauchen aber deutlich weniger Nährstoffe und Wasser – deshalb ist die Kombination mit Rosen nicht ganz optimal. Man kann aber tricksen und direkt an die Rose solche Pflanzen setzen, die Nährstoffe brauchen, und Lavendel und Co. erst in zweiter Reihe davor, und zwar in mageres Substrat.

Tipp **Zu den heimischen Pflanzen, die ein vergleichbares Bild wie Katzenminze ergeben, zählen Wiesen-Salbei, Akelei und Großer Ehrenpreis. Sehr gut mit nährstoffreichem Boden kommen Frauenmantel, Weinraute, Purpurfenchel und Minzen zurecht.**

Um eben der Königin keine Konkurrenz zu machen, werden höhere Prachtstauden wie Phlox, Rittersporn, Zierlauch, Schwertlilien oder Lupinen nur locker, nicht dicht an dicht zu ihr gesetzt.

Zählt die Königin aber zu den großwüchsigen Rosen oder zu Kletterrosen, dann dürfen auch die Begleiter größer sein, wie die Artischocken in Wretham (Bild unten). Auch mit Eselsdistel oder Wilder Karde können Sie ein ähnliches Bild gestalten.

More than Roses

Kletterpflanzen

Kletterrosen sind nicht die einzigen Pflanzen, mit denen man Wände verschönern und gleichzeitig Blattgrün und Biodiversität in die Vertikale ziehen kann.

Schöne Beispiele

Ein Haus im grünen Pelz zeigt das Beispiel aus Bressingham Gardens (Bild unten). Der Pelz besteht vor allem aus Efeu *(Hedera helix)*, der schon alt genug ist, um Blüten zu treiben und so für Schwebfliegen und Co. Nahrung zu bieten. Efeu klettert mit Haftwurzeln an der Fassade, Heckenkirsche *(Lonicera)* und Winterjasmin *(Jasminum nudiflorum)* nutzen ihn hier als Aufstiegshilfe und bringen Farbe in seinen Pelz.

Über der Terrassentür in Chenies Manor House rankt sich Echter Wein (Bild rechts). Bei Letzterem empfehle ich, eine Sorte mit weißen Trauben zu wählen, weil sie weniger Flecken auf Bodenplatten oder Tischtüchern hinterlässt. Rechts und links wird die Tür von einer prächtigen Wolfsmilch eingefasst, der Mittelmeer-Wolfsmilch *(Euphorbia characias ssp. wulfenii)*. Es ist eine salzverträgliche, schnecken-

resistente, wintergrüne Trockenstaude, die allerdings im Gegensatz zu heimischen Wolfsmilcharten etwas Winterschutz benötigt.

Tipp

Für ein ähnliches Bild mit völlig winterharten heimischen Pflanzen würde ich an die Wand Rainfarn *(Tanacetum vulgare)* setzen, eingefasst von der Zypressen-Wolfsmilch *(Euphorbia cyparissias)*. Liegt der Standort im Halbschatten, passt auch die Mandelblatt-Wolfsmilch gut *(Euphorbia amygdaloides)*.

Unterschiedliche Kletterstrategien

Kletterrosen, Efeu, Clematis, Echter Wein, Kletterhortensien und Glyzinien wurzeln alle im Boden und erreichen eine gewisse Wuchshöhe, indem sie selbsttätig mit Haftscheiben oder Haftwurzeln oder mit Rankhilfen nach oben klettern. Mit Haftwurzeln klettert zum Beispiel Efeu, der aber Ritze in der Fassade durchaus sprengen kann. Die Kletterhortensie klettert ebenfalls mit Haftwurzeln, dringt aber nicht in Mauerritzen.

Die Mauerkatze (Parthenocissus tricuspitata *,Veitchii'), auch Dreispitzige Jungfernrebe genannt, klettert mit Haftscheiben, die dem Mauerwerk nicht schaden, da sie nur an der Oberfläche festsitzen. Die Pflanze kann ganze Gebäude erobern, blüht unauffällig, aber für Bienen unwiderstehlich. Mit wunderbarer orangeroter Färbung zeigt sie uns, dass der Herbst gekommen ist, und im Winter werden ihre kleinen Früchte gerne von Vögeln gefressen. Will man die Pflanze allerdings von der Fassade entfernen, bleiben unschöne Reste zurück.*

Bilder: Grüner Pelz in Bressingham Gardens (links) und Echter Wein in Chenies Manor House (oben)

Die Glyzinie braucht regelmäßige Düngung, damit sie schön blüht

Ein wunderbarer Platz für einen Schaukelstuhl

Sue Stuart-Smith verwendete für ihre Gestaltung im Garten The Barn in Hertfordshire, nördlich von London, die Wolfsmilch als Begleiterin von Kletterpflanzen an der Terrasse (Bild oben rechts). Die Kletterer rechts und links sind Glyzinien, in der Mitte eine Rose. Gestützt werden sie durch ein Gestell aus Gusseisen, und das ist auch gut so, erreicht die Glyzinie im Alter doch ein ziemliches Gewicht.

Von Sue stammen auch die schönen Zeilen: »Der Garten repräsentiert auch eine Art Zeitlinie in unseren Leben. Er ist gewachsen und hat sich verändert zusammen mit dem Wachstum unserer Kinder und der Familie. (...) Der Garten ist bevölkert mit Erinnerungen, ebenso wie mit Pflanzen (...) Die Erinnerungen sind Ressourcen, der Garten ist eine Ressource.« Besser kann man es nicht formulieren, finde ich.

In London findet man, oft versteckt, sogenannte »Mews«. Im 17. und 18. Jahrhundert sind sie als Stallungen und Wirtschaftsgebäude in Gassen hinter den herrschaftlichen Stadtvillen entstanden. Früher hausten dort Dienstboten, jetzt sind sie ein renovierter und hochbegehrter Wohnraum. In unserem Beispiel (Bild oben links) wurde eine Glyzinie in einen gemauerten Trog gepflanzt. Das Substrat, das ihr dort zur Verfügung steht, ist natürlich begrenzt, deshalb wird sie auch nicht so üppig werden.

Englische Gärten sind immer für Überraschungen gut: So habe ich an der Hauswand von Manor Farm einen Weißdorn *(Crataegus monogyna)* als »Kletterpflanze« gesehen (Bilder nebenstehende Seite oben). Tatsächlich wurde er als Spalierpflanze erzogen, alle Triebe, die nicht brav entlang der Hauswand wachsen, werden laufend weggeschnitten. So hat man es sogar geschafft, dass die Pflanze ums Eck wächst.

Weißdorn
als Spalier

Bei Kletterpflanzen darf natürlich Clematis nicht fehlen, ganz klassisch eine großblütige, violette Sorte wie an der Backsteinfassade von Wollerton Old Hall (Bild unten links). Begleitet wird sie dort von einer Rispenhortensie, Lavendel und einer weiß blühenden Staude.

Tipp

Als weißen Akzent schlage ich für solch eine Gestaltung eine Sterndolde vor *(Astrantia major)*, siehe Bild unten rechts, oder eine weiße Sorte des Blut-Storchschnabels, wie *Geranium sanguineum* ‚Alba'.

Hanging Baskets

Hanging Baskets, also hängende Pflanzgefäße, besser gesagt Blumenkugeln, gehören zu englischen Pubs wie Guinness-Bier. Darüber könnte man ein ganzes Buch schreiben, inklusive Anleitung, wie Hanging Baskets zu machen und zu bepflanzen sind.

Hier nur ganz kurz beschrieben: Ein Gitterkorb wird ausgekleidet, um die Erde zu halten. Dazu nimmt man entweder Moos, Jute oder Kokosgewebe. In die Mitte werden eher stehende Pflanzen gesetzt, an den Rand hängende, in das Gewebe können auch Schlitze geschnitten werden, in die kleine Wurzelballen gesteckt werden, die in der Erde wurzeln, aber nach außen hin wachsen. Meist werden einjährige Zierpflanzen verwendet, und der Korb wird jedes Jahr neu bestückt.

Es funktioniert aber auch mit ausdauernden heimischen Stauden, deshalb einige Vorschläge, welche Wildstauden sich für die Bepflanzung eignen können.

Geeignete Wildstauden für sonnige Standorte:

- *Wundklee* (Anthyllis vulneraria)
- *Sand-Grasnelke* (Armeria elongata)
- *Rundblatt-Glockenblume* (Campanula rotundifolia)
- *Zimbelkraut* (Cymbalaria muralis)
- *Blutroter Storchschnabel* (Geranium sanguineum)
- *Sonnenröschen* (Helianthemum nummularium)
- *Orangerotes Habichtskraut* (Hieracium aurantiacum)
- *Kleines Habichtskraut* (Hieracium pilosella)
- *Hornklee* (Lotus corniculatus)
- *Echter Dost* (Origanum vulgare)
- *Felsennelke* (Petrorhagia saxifraga)
- *Große Brunelle* (Prunella grandiflora)
- *Fetthenne, verschiedene Arten* (Sedum)
- *Dach-Hauswurz* (Sempervivum tectorum)
- *Thymian, verschiedene Arten* (Thymus)

Geeignete Wildstauden für halbschattige Standorte:

- *Kriechgünsel* (Ajuga reptans)
- *Zimbelkraut* (Cymbalaria muralis)
- *Wald-Erdbeere* (Fragaria vesca)
- *Gundelrebe* (Glechoma hederacea)
- *Pfennigkraut* (Lysimachia nummularia)
- *Immergrün* (Vinca minor)

... und einige schöne
Bilder aus London

A vegetable a day ...

... keeps the doctor away – Gemüse und Co.

Briten und Britinnen lieben ihr Gemüse, so hat fast jeder Garten einen Bereich dafür. Weil ebenso Blumen überaus beliebt sind, finden sich im Gemüsegarten auch eigene Blumenbeete, Blumen zwischen den Kohlköpfen oder Rosenbüsche am Ende des Beetes. Das ist schön und sinnvoll, denn die Blüten locken Insekten an, die dann auch Obst und Gemüse bestäuben. Und manche der Blütenpflanzen wirken sich positiv auf die Bodengesundheit aus, wie Ringelblumen, die Fadenwürmer abwehren und den Boden locker und krümelig machen.

Engländer und Engländerinnen lieben Rhabarber: In fast allen Gemüsegärten finden sich hohe, schmale Tontöpfe mit Deckel, in denen Rhabarber vom Licht geschützt wachsen darf. So sind die Stängel zarter, man braucht sie gar nicht zu schälen und der Gehalt an Oxalsäure ist geringer.

Ein Kompostplatz darf niemals fehlen! Engländer und Engländerinnen verwenden ihren Kompost nicht nur für den Gemüsegarten, sondern für eigentlich alle Gartenbereiche. Die Kompostplätze sind meist dreigeteilt: Eine Abteilung für das frische Schnittgrün, die mittlere darf noch reifen und der Kompost im dritten Bereich wird genutzt.

Und natürlich ein Glashaus:
am besten klassisch mit weißen Gusseisenrahmen. Wunderschön sind sie, leider findet sich in meinem eher schattigen Garten dafür kein Plätzchen, aber davon träumen kann ich doch.

Noch besser als ein Glashaus ist ein Glashaus mit einem angebauten Frühbeet zum Vorziehen des Gemüses

Wunderschön sind im Gemüsegarten auch Rankbögen mit Duftwicken, die in England so beliebt sind. Leider sind Duftwicken einjährig und müssen jedes Jahr neu aus Samen gezogen werden. Das funktioniert gut, allerdings braucht es zum Vorziehen der Pflanzen für ein optimales Ergebnis ein Glashaus, denn auf der Fensterbank im Haus ist zu wenig Licht, sodass die Wicken dünn und schwach werden.

Gartenräume und Mauern bieten dem Gemüse Schutz und speichern Wärme. Mauern sind auch ein idealer Rücken für Kletterpflanzen oder Spalierobst. So wachsen im Garten von Manor Farm Kletterrosen an der Backsteinmauer und davor die Rote Melde, ein wunderbares spinatähnliches Gemüse, gerne auch als Salat nutzbar.

Im Garten von Wretham Lodge findet man typische Elemente eines englischen Gemüsegartens auf einem Fleck – die Buchseinfassung um das Gemüse, Rosen, Pfingstrosen, Schwertlilien und das wärmespeichernde Mauerwerk.
Statt Buchs würde eine Einfassung aus blühendem Lavendel, Bohnenkraut oder Currykraut auch die Insekten freuen.

Auch Im Gemüsegarten von Cruckfield House finden sich viele wichtige Strukturen – der sickerfähige Weg aus Klinker mit Thymian als Wegbegleiter, Buchskugeln, ein Kupfergefäß als Blickfang, Lavendelbüsche, Bohnenzelte und ein Regenfass

Dieses Beispiel stammt aus dem Garten von Manor Farm:
Im Hintergrund erkennt man die Einfassungsmauern, Buchskugeln als Gestaltungselement und die Kombination aus Gemüse, hier Kartoffeln, und Blumen, hier Katzenminze.

Im Lost Garden of Heligan in Cornwall sind Stangenbohnen mit Bartnelken kombiniert

Cozy cottage feeling

Das Gefühl, nach Hause zu kommen

Cottage Gärten sind eng verbunden mit dem England der Agatha Christie der 20er- und 30er-Jahren des vorigen Jahrhunderts. Zwar entstand der Cottage Garden schon zum Ende des 18. Jahrhunderts als Gegenbewegung zu den weiträumigen Landschaftsparks der Herrenhäuser, aber nach dem Horror des Ersten Weltkrieges sehnten sich die Menschen noch stärker nach Idylle, nach Blumen, selbst gezogenem Gemüse und dem berühmten »White Picket Fence«. Dieser ordentlich weiß gestrichene, etwa hüfthohe Lattenzaun rund um ein malerisches kleines Häuschen auf dem Land dient zwar als Abgrenzung zum Gehweg, bringt aber vor allem das Blütenmeer dahinter so richtig zur Geltung. In Nordamerika hat sich der Begriff inzwischen als Synonym für häusliches Glück in den Vorstädten etabliert.

Allein, die Hauptdarstellerin in diesem Stück über ländliche Idylle, die weißhaarige Lady mit Apfelbäckchen unter dem Rosenbogen mit schnurrender Katze und Jack Russel Terrier ist Geschichte. Die meisten typischen Cottages werden inzwischen von Stadtflüchtigen nur am Wochenende bewohnt, entsprechend wurde auch die Bepflanzung vereinfacht und damit pflegeleichter gestaltet.

An sich definiert sich der Cottage Garden als bunter Mix aus Gemüse und Blumen, ein bisschen vergleichbar mit unserem Bauerngarten. Typisch englisch ist die intensive Verwendung von Rosen, in Buschform, als Kletterrosen und sehr gerne an einem Rosenbogen über dem Gartentor. Mehr dazu gibt es auch im Kapitel »English Borders« ab Seite 136.

Play it safe – typische Pflanzen für sonnige Bereiche

Typische Pflanzen für sonnige Bereiche sind Glockenblumen, zum Beispiel die aus dem Mittleren Osten stammende Riesen-Glockenblume (Campanula lactiflora), *Rittersporn* (Delphinum *‚Pacific Hybrides'), Lupinen* (Lupinus *‚Russel Hybrides'), verschiedene Lilien, Flammenblume* (Phlox paniculata), *Stockrosen* (Alcea rosea) *und »Daisy Flowers«, also Pflanzen mit Blüten, die in der Form denen des Gänseblümchens ähneln. Dazu zählen Margeriten, Chrysanthemen, Sonnenhüte, Astern und viele mehr. Dazu natürlich Zwiebeln von Frühjahrs- und Herbstblühern.*

Tipp

Der Cottage Garden hat seinen Schwerpunkt vor dem Haus, er dient sozusagen als Visitenkarte. Gepflanzt wird locker wie eine Mischpflanzung, es soll natürlich wirken, nur noch viel schöner. Alles ist möglich, bunt gemischt oder Ton in Ton. Für Rasen findet sich kein Plätzchen.

Mischpflanzung

Der Begriff »Mischpflanzung« bedarf noch einer Erklärung. Klassische Staudenbeete sowie die typisch englischen Borders, also längliche, schmale Beete, die ab Seite 136 ausführlich beschrieben werden, haben meist eine Höhenstaffelung: Höherwüchsige Pflanzen stehen im Hintergrund, davor mittelhohe, ganz vorne Bodendecker. So lässt sich vermeiden, dass höhere Pflanzen niedere Pflanzen verdecken. Das sieht sehr schön aus, braucht aber einen Pflanzplan.

»Planlos« können Sie dagegen bei Staudenmischpflanzungen vorgehen. Diese Pflanzungen bestehen aus Stauden und Gräsern, Zwiebeln und Einsaaten und werden gemischt gesetzt. Mischpflanzung eignet sich für Flächen ab 10 m^2. Je nach Artenauswahl beträgt die mittlere Pflanzdichte sechs bis neun Pflanzen pro Quadratmeter. Dazu werden die Stauden nach ihrer Funktion eingeteilt:

Als Erstes pflanzen Sie die Gerüstbildner, auch Struktur- oder Leitstauden genannt. Das sind höherwüchsige, meist auffällige Arten. Auf der Fläche haben sie einen Anteil von 5 bis 15 Prozent, gliedern den Raum und lenken den Blick. Sie werden einzeln oder in kleinen Gruppen in rhythmischer Anordnung, das heißt sich wiederholend, über die Fläche verteilt, nicht aber an den Rand gepflanzt. Die anderen Stauden halten zu den Leitstauden einen Abstand von 50 bis 60 Zentimetern.

Als Nächstes werden Begleitstauden in Gruppen von jeweils drei bis zehn Pflanzen über die gesamte Fläche bandartig verteilt. Es sind halbhohe Arten von 40 bis 70 Zentimeter Höhe, die in der Nähe der Leitstauden platziert werden. Sie bilden einen Anteil von 30 bis 40 Prozent und halten zu den benachbarten Stauden einen Abstand von etwa 40 Zentimetern.

Bodendecker nehmen mindestens 50 Prozent der Arten und der Fläche ein, sie werden zuletzt am Rand und über die gesamte Fläche in Bändern in die Pflanzung hinein verteilt. Ihr Abstand zu Nachbarpflanzen beträgt etwa 30 Zentimeter. Bodendecker schaffen Freiräume zwischen den Leitstauden und den Begleitstauden, sodass die einzelnen Pflanzen gut zur Geltung kommen können.

Füllstauden

Man kann zusätzlich auch Füllstauden im Ausmaß von maximal 10 Prozent (vom Gesamten der verwendeten Arten, der Fläche, der Gesamtstückzahl an Pflanzen) einsetzen. Diese Arten sind schnellwüchsig und kurzlebig und bilden in den ersten Jahren einen wichtigen Aspekt. Später werden sie von den langlebigen Stauden verdrängt.

Tipp

Typische Füllpflanzen für Magertrockenstandorte sind Leinkräuter *(Linaria vulgaris* und das italienische *Linaria purpurea)*, Vexiernelke *(Silene coronaria)* oder Ausdauernder Lein *(Linum perenne)*. Akeleien *(Aquilegia vulgaris)* eignen sich gut für etwas nährstoffreichere Standorte, gerne auch im lichten Halbschatten.

Mischpflanzung mit Muskatellersalbei als Leitstauden (links)
und mit Königskerzen und Schafgarben (rechts)

Ansaaten

Ansaaten in Mischpflanzungen sind ein ganz spezielles Thema. Sie sind Statisten im Beet, ihre Aufgabe ist es, in den ersten beiden Jahren den Boden zu bedecken und Blüten zu zeigen. Dabei dürfen sie aber die Hauptdarsteller buchstäblich nicht in den Schatten stellen. Deshalb werden vor allem ein- und zweijährige sowie kurzlebige Arten verwendet, die maximal 50 Zentimeter hoch werden sollen.

Ein Problem kann sich ergeben, wenn verschiedene Pflanzen angesät werden und so eventuelle Unerwünschte nicht erkannt werden. Mischansaaten eignen sich also nur für versierte Gärtner und Gärtnerinnen mit guter Pflanzenkenntnis. Hat man die noch nicht so ganz, bleibt man besser bei nur einer Art, die deutlich erkannt wird.

Tipp **Die angesäten Arten sollen auch zum Stil der Pflanzung passen. Handelt es sich zum Beispiel um eine eher monochrome, elegante Kombination, passen Ackerbegleitkräuter wie Klatschmohn und Kornblume oder auch Ringelblume eher weniger.**

Zwiebelpflanzen

Zusätzlich zu all dem können Zwiebelpflanzen grundsätzlich nach Lust und Laune gewählt werden, solange ihnen der Standort passt. Einheitliche Richtlinien gibt es dazu nicht, von zarten Pflanzen wie Schneeglöckchen oder Blausternchen kann man gerne 80 bis 100 Zwiebeln pro Quadratmeter nehmen, bei kräftigen, wie Narzissen oder hohen Tulpen, reichen 10 bis 20 Stück pro Quadratmeter.

Bilder links: Ungefüllte, spät blühende Astern als Leitstauden bieten Nahrung für Generalisten unter den Bienen, wie hier die Honigbiene (links). Und (rechts) ein Taubenschwänzchen am Phlox.

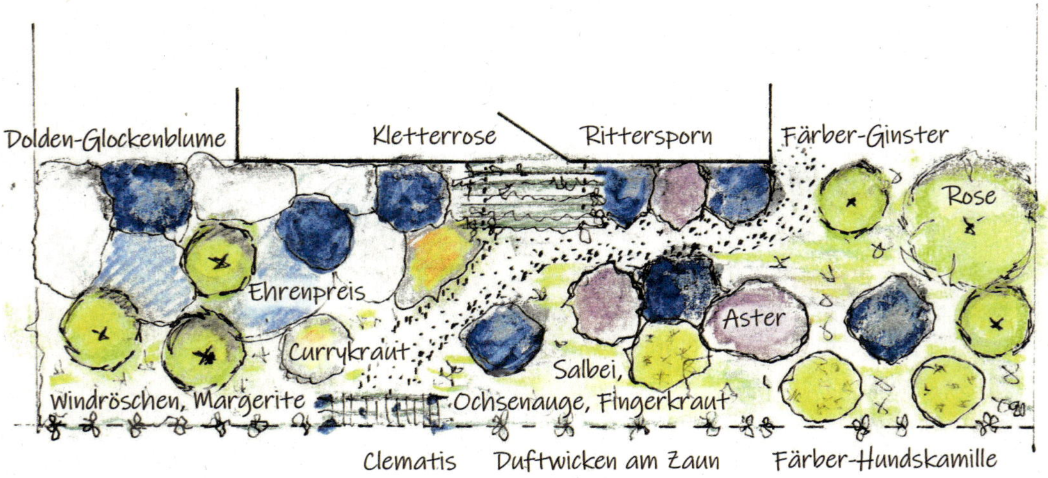

Pflanzplan für den sonnigen Vorgarten im Stil eines Cottage Garden

Gestaltungsvorschlag für einen sonnigen Vorgarten

Der folgende Gestaltungsvorschlag zeigt einen Vorgarten in sonniger Lage mit dem Farbschwerpunkt Gelb-Weiß-Blau. Über der Haustüre rankt auf einem kräftigen Gestell die cremeweiße ‚Rosa multiflora', über dem Gartentor eine nicht so kräftig wachsende Alpen-Waldrebe *(Clematis alpina)*. In einem Eck findet sich die ungefüllte cremegelbe David-Austin-Rose ‚Tottering-by-Gently', die nur 1,25 Meter hoch wird. Dazu zwei Färberginster *(Genista tinctoria)*. Um sie herum, locker rechts vom Weg verteilt, dunkelblauer Rittersporn und spät blühende Astern als Gerüstbildner, dazwischen die Wildstauden Wiesen-Salbei *(Salvia pratensis)*, Färber-Hundskamille *(Anthemis tinctoria)*, Ochsenauge *(Buphthalmum salicifolium)* und als Bodendecker das Frühlings-Fingerkraut *(Potentilla neumanniana)*.

Links des Weges finden sich drei Färberginster *(Genista tinctoria)*, dahinter und dazwischen wiederum dunkelblauer Rittersporn und zusätzlich Riesen-Glockenblume *(Campanula lactiflora)*. Als Begleitpflanzen gesellen sich dort Currykraut *(Helichrysum italicum)*, Kleine und Große Wiesen-Margeriten *(Leucanthemum vulgare* und *L. ircutianum)*, Waldsteppen-Windröschen *(Anemone sylvestris)* und als blaue Tupfen der Große Ehrenpreis *(Veronica teucrium)* dazu.

Überall dazwischen gelbe und weiße Frühjahrsblüher, wie Narzissen, Tulpen und blassgelbe Krokusse, und flächendeckend Blausternchen *(Scilla siberica)*.

Am Lattenzaun könnten noch Duftwicken *(Lathyrus odoratus)* ranken, von ihnen gibt es schöne blaue Sorten, zum Beispiel ‚Blue Ripple', ‚Mammoth Navy Blue' oder ‚Top Hat'.

Werden Sträucher und Stauden in den jeweils für sie passenden Abständen gesetzt – schließlich wollen sie noch wachsen –, so bleiben dazwischen Freiräume. Offener Boden ist aber immer eine Einladung an Unerwünschte, wie etwa Löwenzahn. Als Konkurrenz dazu kann man einjährige Arten ansäen, die in den ersten ein bis drei Jahren den Boden bedecken. Später haben die Samen der Unerwünschten dank der gewachsenen Stauden und Sträucher dann keine Chance mehr, zu keimen. Für unsere Farbmischung passen als Einjährige gut die Ringelblume *(Calendula officinalis* und *Calendula arvensis),* die Kornblume *(Centaurea cynus)* oder auch Flachs *(Linum usitatissimum).*

Cottage Garden Vorgarten, sonnig, 50 m² Pflanzfläche

mit * gekennzeichnete Pflanzen sind nicht heimisch, beziehungsweise sind Sorten

Stückzahl	*Botanischer Name* *Deutscher Name*	*Wuchshöhe* *Blütenfarbe*	*J*	*F*	*M*	*A*	*M*	*J*	*J*	*A*	*S*	*O*	*N*	*D*
Gehölze														
1	Clematis alpina **Alpen-Waldrebe, Kletterpflanze**	100 – 300 cm blauviolett					✿	✿	✿					
6	Genista tinctoria **Färber-Ginster**	20 – 60 cm gelb					✿	✿	✿	✿				
1	Rosa ‚Tottering-by-Gently' ® **David Austin Rose***	110 – 125 cm blassgelb					✿	✿	✿	✿				
1	Rosa multiflora **Vielblüten-Rose*,** **Kletterpflanze**	100 – 400 cm cremeweiß						✿	✿					
Stauden, rechts vom Weg														
48	Potentilla neumanniana **Frühlings-Fingerkraut**	5 – 15 cm gelb				✿	✿	✿						
30	Salvia pratensis **Wiesen-Salbei**	30 – 60 cm hell königsblau					✿	✿	✿	✿	✿			
12	Delphinium Pacific ‚Black Knight' **Rittersporn*, ungefüllte Sorten**	100 – 180 cm ultramarinblau						✿	✿	✿				
15	Anthemis tinctoria **Färber-Hundskamille**	40 – 60 cm sonnengelb						✿	✿	✿	✿			
30	Buphtalmum salicifolium **Weidenblättriges Ochsenauge**	20 – 60 cm sonnengelb						✿	✿	✿	✿			
9	Aster novae-angliae ‚Violetta' **Aster*, spätblühende Sorte**	130 cm violett								✿	✿	✿		

Fortsetzung der Tabelle auf der nächsten Seite →

Stückzahl	Botanischer Name Deutscher Name	Wuchshöhe Blütenfarbe	J	F	M	A	M	J	J	A	S	O	N	D
Stauden, links vom Weg														
24	Anemone sylvestris **Waldsteppen-Windröschen**	15 – 40 cm cremeweiß, gelbes Auge				✿	✿	✿						
12	Leucanthemum ircutianum **Große Wiesen-Margerite**	30 – 70 cm weiß, gelbes Auge					✿	✿	✿	✿	✿			
12	Leucanthemum vulgare **Kleine Wiesen-Margerite**	30 – 70 cm weiß, gelbes Auge					✿	✿	✿	✿	✿			
48	Veronica teucrium **Großer Ehrenpreis**	40 – 100 cm mittelblau						✿	✿					
12	Campanula lactiflora **Dolden-Glockenblume***	90 – 100 cm blasslila						✿	✿	✿				
15	Delphinium Pacific ‚Black Knight' **Rittersporn*, ungefüllte Sorten**	100 – 180 cm ultramarinblau						✿	✿	✿				
20	Lathyrus odoratus **Duftwicke*, blaue Sorten, Kletterstaude**	50 – 150 cm blaulila						✿	✿	✿	✿			
12	Helichrysum italicum **Currykraut***	45 cm dunkelgelb							✿	✿				
Zwiebelpflanzen														
200	Crocus chrysanthus ‚Romance' **Krokus*, blassgelbe Sorten**	5 – 10 cm blassgelb		✿	✿	✿								
200	Scilla sibirica **Blausternchen***	5 – 20 cm mittelblau			✿	✿								
100	Tulipa sylvestris **Wild-Tulpe**	5 – 15 cm gelb			✿	✿								
30	Narcissus spp. **Narzissen*, ungefüllte Sorten**	15 – 30 cm gelb			✿	✿	✿							
Ansaaten														
5 m²	Linum usitatissimum **Flachs*, 1-jährig**	60 – 100 cm hellblau						✿	✿	✿				
5 m²	Calendula officinalis **Garten-Ringelblume*, 1-jährig**	15 – 30 cm gelb bis orange						✿	✿	✿	✿			
5 m²	Calendula arvensis **Acker-Ringelblume*, 1-jährig**	15 – 30 cm gelb						✿	✿	✿	✿	✿		
5 m²	Centaurea cyanus **Kornblume, 1-jährig**	30 – 60 cm kornblumenblau						✿	✿	✿	✿	✿		

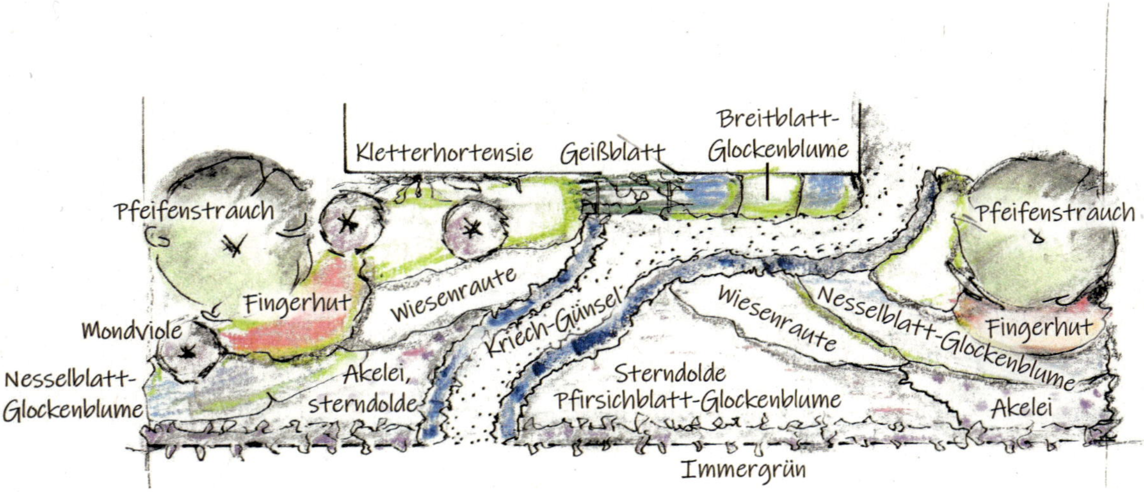

Pflanzplan für den halbschattigen Vorgarten im Stil eines Cottage Garden

Gestaltungsvorschlag für einen halbschattigen Vorgarten

In der halbschattigen Version rankt über der Haustüre ein in der Dämmerung duftendes Geißblatt, auf Englisch »Honeysuckle«. Im rechten und im linken Eck wachsen ebenfalls duftende Pfeifensträucher *(Philadelphus coronarius)*, davor duften Mondviolen *(Lunaria rediviva)*. Links der Haustüre arbeitet sich eine Kletterhortensie nach oben. Als gerüstbildende Stauden passen im Halbschatten gut die Nesselblättrige Glockenblume *(Campanula trachelium)*, die Breitblatt-Glockenblume *(Campanula latifolia)* und die Akeleiblättrige Wiesenraute *(Thalictrum aquilegifolium)*. Ein Klassiker in englischen Gärten ist der Fingerhut *(Digitalis purpurea)*. Er ist ziemlich giftig, das muss jeder und jede selbst entscheiden, ob er in den Garten darf.

Als Begleitpflanzen wählen wir die zarte Pfirsichblättrige Glockenblume *(Campanula persicifolia)*, Akelei-Arten *(Aquilegia vulgaris, A. atrata, A. alpina)* und Große Sterndolde *(Astrantia major)*. Der Boden wird bedeckt von Wald-Erdbeeren *(Fragaria vesca)* und Frühblühern für den Halbschatten, unter anderem Buschwindröschen *(Anemone nemorosa)*, Leberblümchen *(Hepatica nobilis)* und Veilchen *(Viola odorata)*. Immergrün *(Vinca minor)* und Kriech-Günsel *(Ajuga reptans)* fassen Weg und Zaunbereich ein.

Tipp Von Natur aus gibt es nur wenige einjährige Pflanzen für Schatten oder Halbschatten, da Einjährige jedes Jahr neu auf offenem Boden keimen müssen. In halbschattiger, eher feuchter und nährstoffreicher Lage wird aber jeder Quadratzentimeter an freiem Boden sofort von Mehrjährigen und ihren Ausläufern besetzt. Wir versuchen es trotzdem mit Vergissmeinnicht (*Myosotis* spp.).

Cottage Garden Vorgarten, halbschattig, 50 m² Pflanzfläche

mit * gekennzeichnete Pflanzen sind nicht heimisch, beziehungsweise sind Sorten

Stückzahl	*Botanischer Name* *Deutscher Name*	*Wuchshöhe* *Blütenfarbe*	*J*	*F*	*M*	*A*	*M*	*J*	*J*	*A*	*S*	*O*	*N*	*D*
Gehölze														
1	Hydrangea petiolaris **Kletterhortensie***	300 – 900 cm cremeweiß						✿						
2	Philadelphus coronarius **Pfeifenstrauch**	100 – 300 cm cremeweiß						✿	✿					
1	Lonicera spp. **Geißblatt*, auch Sorten**	300 – 400 cm schlingend gelb bis orange						✿	✿	✿	✿			
Stauden														
12	Hepatica nobilis **Leberblümchen**	8 – 15 cm hellviolett			✿	✿								
12	Anemone nemorosa **Buschwindröschen**	15 cm weiß, gelbes Auge			✿	✿	✿							
24	Fragaria vesca **Wald-Erdbeere**	5 – 15 cm weiß				✿	✿							
48	Vinca minor **Kleines Immergrün**	15 – 40 cm hellblauviolett				✿	✿							
12	Viola odorata **Duft-Veilchen**	5 – 10 cm veilchenblau				✿	✿							
48	Ajuga reptans **Kriechender Günsel**	10 – 30 cm königsblau				✿	✿	✿						
15	Aquilegia vulgaris **Gewöhnliche Akelei**	30 – 60 cm tiefblau					✿	✿	✿					
3	Lunaria rediviva **Wilde Mondviole**	30 – 140 cm blasslila					✿	✿	✿					
30	Thalictrum aquilegifolium **Akeleiblättrige Wiesenraute**	40 – 100 cm blasslila					✿	✿	✿					
15	Aquilegia atrata **Schwarzviolette Akelei**	20 – 60 cm schwarzviolett						✿	✿					
24	Astrantia major **Große Sterndolde**	30 – 100 cm weißlich, blassrosa						✿	✿	✿				
20	Campanula latifolia **Breitblatt-Glockenblume**	60 – 150 cm hellviolett						✿	✿	✿				
48	Campanula persicifolia **Pfirsichblatt-Glockenblume**	30 – 80 cm hellblaulila						✿	✿	✿				
20	Digitalis purpurea **Purpur-Fingerhut**	60 – 150 cm purpurfarben						✿	✿	✿				
48	Campanula trachelium **Nesselblatt-Glockenblume**	30 – 80 cm hellviolett						✿	✿	✿	✿			

You mix it, you fix it

English Borders

English Borders werden auch »Mixed Borders« genannt. Gemeint sind damit üppige gemischte Rabatten, bepflanzt mit Stauden, Rosen, Gehölzen und einjährigen Sommerblumen. Begrenzt werden Borders klassischerweise im Hintergrund von einer Schnitthecke oder Mauer. Die Pflanzen stehen meist höhengestaffelt, höhere im hinteren Bereich, niedere am Weg oder am Übergang zu einer Rasenfläche. Durch die Höhenstaffelung kommt jede Pflanze gut zur Geltung, das gesamte Beet ist ein imposantes dreidimensionales Kunstwerk.

Tipp **Gerne werden Borders auch auf eine kniehohe Mauer gesetzt, so wirken die Pflanzen noch imposanter, überhängende Pflanzen bieten zusätzliche Blüten, die Mauer dient als Grenze (siehe auch das Foto auf Seite 14). »Border« bedeutet Grenze, daher kam ursprünglich der Name.**

Eine Grenze ist häufig eine Linie, so ist ein English Border auch lang und schmal. Besonders lang mit über 300 Meter Länge ist das Border in den Royal Botanic Gardens in Kew. Um eine ordentliche Höhenstaffelung zu erreichen, muss die Rabatte schon eine gewisse Tiefe erreichen, die Rabatte in Kew Gardens bietet bis zu 5 Meter Tiefe. Für einen Privatgarten passt alles ab 1,50 Meter Tiefe und mindestens 4 Meter Länge.

Ein ganz klassisches Border in den Gärten von Goldstone Hall in Shropshire – als Sahnehäubchen eine zweite Beetreihe mit Rasenweg dazwischen

Was ein anständiges Border sein will, braucht auf jeden Fall Rosen, am besten historische Rosen wie Damascena-Rosen und Zentifolien oder neue Englische Rosen, die sich durch eine längere Blütezeit auszeichnen und die es auch in eher kompakter Form mit einem Durchmesser von 1 bis 1,50 Metern gibt. Passend zur berühmten Gartengestalterin Gertrude Jekyll gibt es eine David-Austin-Rose ‚Gertrude Jekyll' – sowohl als 1,10 Meter niedere Strauchrose als auch als kleinere Kletterrose, die es auf rund 2,50 Meter Höhe schafft. Beide sind ideal für kleine Gärten, allerdings keine Insektenmagneten, weil sie gefüllte Blüten haben. Darf aber auch mal sein, wenn Sie ansonsten 80 Prozent heimische Arten im Garten haben.

Die Staudenauswahl für ein Border ist ähnlich wie im Cottage Garden. Sehr beliebt sind Arten und Sorten mit silberfarbigem Laub wie Wollziest *(Stachys byzentina* ‚Silver Carpet'), Salbei oder Lavendel. Nur werden die Stauden eben stärker nach Wuchshöhe und oft in sogenannten »Drifts« angeordnet.

Drifts sind längliche, parallel oder leicht schräg zum Weg hin angeordnete Gruppen derselben Pflanzenart. Sie sind unterschiedlich groß, werden nicht in einem Raster angeordnet, sondern reihen sich eher fließend aneinander. Zu wahren Kunstwerken wurden sie um die Jahrhundertwende zum 20. Jahrhundert durch die schon genannte Gertrude Jekyll, die »First Lady of Gardening«. Über 2000 ihrer Gartenpläne sind noch erhalten, die meisten der Gärten leider nicht mehr, aber die Pläne können mit leichten Änderungen auch heute noch wunderbar nachgepflanzt werden.

Bild links: Mixed Border im Londoner Hyde Park

Gestaltungsvorschlag für ein Border im Stil von Gertrude Jekyll

Die Gestaltung auf dieser Seite aus dem Garten The Barnes ist zwar keine Planung von Gertrude Jekyll, aber sie folgt einem ähnlichen Konzept, wobei Zierlauch vor rund 100 Jahren noch kaum verwendet wurde, heute aber aus fast keiner Planung wegzudenken ist.

Bild oben und links: Border im Garten The Barnes, in der Nähe von London: Vorlage und Inspiration für den Gestaltungsvorschlag auf der nebenstehenden Seite

Dem Bild aus The Barnes nachempfunden und leicht in Richtung Wildpflanzen geändert – und im Stil von Gertrude Jekyll gezeichnet –, könnte diese 15 Meter lange und 4 Meter breite Rabatte dann so aussehen:

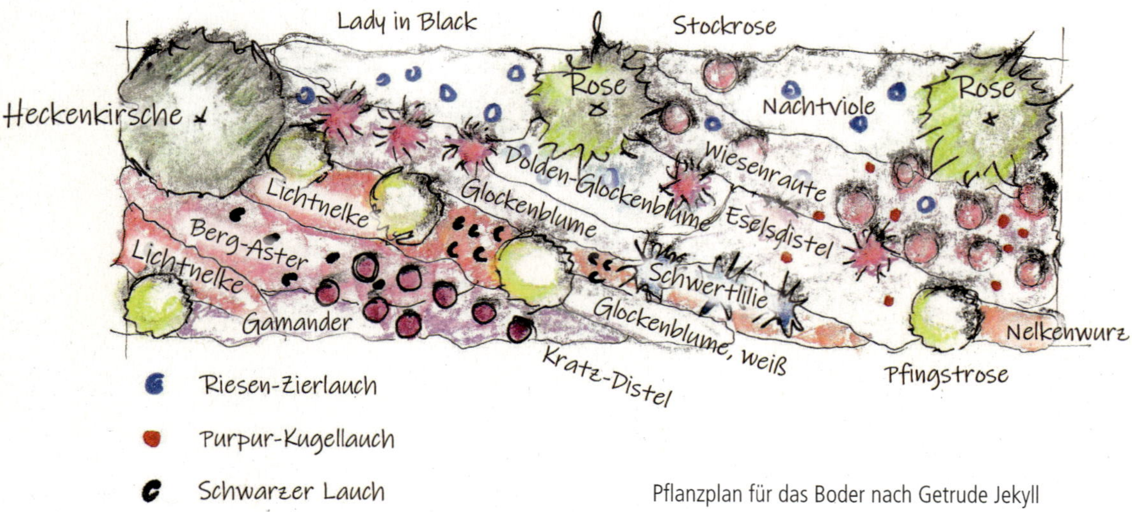

Pflanzplan für das Boder nach Getrude Jekyll

Die meisten Pflanzen, die ich hierfür vorschlage, sind in Mitteleuropa heimisch, nicht heimische Arten oder Zuchtsorten sind in der Pflanzenliste mit einem Sternchen (*) gekennzeichnet. Ich habe sie wegen spezieller Eigenschaften gewählt, zum Beispiel die Rosen wegen ihrer geringen Wuchshöhe, die Pfingstrosen wegen ihres Duftes und die Aster ‚Lady in Black' wegen ihrer dunkelroten Triebe.

Border nach Gertrude Jekyll – 15 Meter lang, 4 Meter breit, sonnig

mit * gekennzeichnete Pflanzen sind nicht heimisch, beziehungsweise sind Sorten

Stückzahl	*Botanischer Name* *Deutscher Name*	*Wuchshöhe* *Blütenfarbe*	*J*	*F*	*M*	*A*	*M*	*J*	*J*	*A*	*S*	*O*	*N*	*D*
Gehölze														
1	Lonicera xylosteum **Heckenkirsche**	100 – 200 cm cremeweiß					✿	✿						
2	Rosa ‚Kew Gardens' ® **David Austin Rose ‚Kew Gardens'***	110 – 125 cm cremeweiß					✿	✿	✿	✿				

Fortsetzung der Tabelle auf der nächsten Seite →

Stückzahl	***Botanischer Name*** ***Deutscher Name***	***Wuchshöhe*** ***Blütenfarbe***	***J***	***F***	***M***	***A***	***M***	***J***	***J***	***A***	***S***	***O***	***N***	***D***
Stauden														
24	Hesperis matronalis ‚Alba' **Nachtviole, weiße Form*, duftend**	40 – 100 cm weiß				✿	✿	✿	✿					
3	Iris sibirica **Sibirische Schwertlilie**	30 – 80 cm mittelblau					✿	✿						
5	Paeonia lactiflora ‚Bowl of Beauty' **Pfingstrose*, ungefüllte Sorte, duftend**	70 – 80 cm rosa, cremefarbenes Auge					✿	✿						
24	Geum rivale **Bach-Nelkenwurz**	20 – 60 cm innen pfirsichrosa, außen rötlich					✿	✿	✿					
20	Thalictrum aquilegifolium **Akeleiblättrige Wiesenraute**	40 – 100 cm blasslila					✿	✿	✿					
10	Alcea rosea **Stockrosen*, gemischt**	180 – 200 cm blassrosa bis dunkelviolett						✿	✿	✿	✿			
9	Campanula lactiflora **Dolden-Glockenblume***	90 – 100 cm weiß bis blasslila						✿	✿	✿				
96	Campanula persicifolia ‚Alba' **Pfirsichblatt-Glockenblume*, weiße Form**	30 – 80 cm weiß						✿	✿	✿				
96	Campanula persicifolia **Pfirsichblatt-Glockenblume**	30 – 80 cm hellblaulila						✿	✿	✿				
8	Cirsium rivulare ‚Atropurpureum' **Kratz-Distel*, sterile Sorte**	80 cm purpurfarben						✿	✿	✿				
48	Silene dioica **Rote Lichtnelke**	30 – 90 cm pinkfarben						✿	✿	✿	✿			
48	Teucrium chamaedrys **Edel-Gamander**	10 – 30 cm zartrosa							✿	✿	✿			
24	Aster amellus **Berg-Aster**	20 – 60 cm hell lilarosa							✿	✿	✿	✿		
18	Aster lateriflorus ‚Lady in Black' **Aster* ‚Lady in Black'**	100 – 120 cm blassrosa, purpurfarbenes Auge								✿	✿			
Zwiebelpflanzen														
10	Allium aflatuense ‚Purple Sensation' **Purpur-Kugellauch***	70 cm purpurfarben					✿	✿						
15	Allium giganteum **Riesen-Zierlauch***	150 cm hellviolett						✿	✿					
15	Allium nigrum **Schwarzer Lauch***	75 cm weiß, grünes Auge						✿	✿					

Beispiele für gelungene Borders von der Insel

Chenies Manor House

Das Beispiel aus Chenies Manor House zeigt mehrere Borders, die einen Senkgarten mit einer Statue als Zentrum umrunden. Der Hauptweg ist mit Plattenbelag gestaltet, für Nebenwege reichen Rasenflächen. Man erkennt sehr gut die typische Höhenstaffelung der Pflanzung.

Die Borders in Chenies Manor House umrunden in Höhenstaffelung einen Senkgarten

Vor einer kugelig geschnittenen Eibe (im rechten Bild, links oben) blüht eine gelbe Strauchpfingstrose *(Paeonia suffruticosa)*. Diese ist in China beheimatet, und wählt man eine ungefüllte Sorte, so ist sie auch im naturnahen Garten nicht ganz sinnlos.

Davor wachsen Phlox, eine gute Nachtfalterblume, und Rittersporn, über dessen Nektarangebot sich immerhin Hummeln freuen. Daneben wurden hohe Astern mit etwa 1 Meter Wuchshöhe gepflanzt, bei ihnen würde ich als Naturgärtnerin ungefüllte Sorten mit unterschiedlichen Blühzeitpunkten wählen.

Gleichsam in der nächsten Reihe und als grünen Rahmen, im Moment für spät blühende Tulpen, findet man Farne, später rahmen sie dann Funkien und Chrysanthemen ein.

Tipp Statt der Funkien schlage ich Frauenmantel vor *(Alchemilla vulgaris* und *Alchemilla monticola),* statt der Gartenchrysanthemen passen Margeriten oder Rainfarn. Schön würden sich dazwischen auch die dunkelrosa Blütenkerzen des Blutweiderichs machen.

Zwischen die mehrjährigen Stauden sind Vergissmeinnicht gesät, sie passen gut, in der ersten Reihe zum Rasen hin würde ich Kriechgünsel *(Ajuga reptans)* setzen.

Pugin Hall

Das folgende Beispiel aus den Gärten von Pugin Hall in Cornwall lässt sich leicht nachpflanzen. Eine Mauer im Hintergrund, rechts im Bild eine rundlich geschnittene Hainbuche, das Beet zwischen Mauer und Rasen ist nicht tiefer als 1,5 Meter.

Der rotlaubige Holunder links im Bild, die Sorte *Sambucus nigra* ‚Black Lace', darf bleiben, als blaue Schwertlilie passt gut die heimische Sibirische Schwertlilie *(Iris sibirica).* Statt der großen blassgelben Skabiosen-Sorte bietet sich die zweijährige Nachtkerze *(Oenothera biennis agg.)* an, ein Nachtfaltermagnet. Als Begleitpflanze schafft es doch noch eine cremegelbe Skabiose mit ins Beet, und zwar die nur etwa

Die Mauer bietet den richtigen Hintergrund für die Pflanzen

60 Zentimeter hoch werdende bezaubernde Gelbe Skabiose *(Scabiosa ochroleuca)*. Dazu passen Wiesen-Storchschnabel *(Geranium pratense)* und Wald-Storchschnabel *(Geranium sylvaticum)*.

Anstelle der asiatischen Herbstanemone *(Anemone hupehensis* oder *A. japonica)*, links im Bild, die auch noch sehr zum Wuchern neigt, würde ich die Akeleiblättrige Wiesenraute *(Thalictrum aquilegifolium)* wählen. Sie hat eine ähnliche Blattform, die Blütenstände werden ebenfalls über 1 Meter hoch.

Von der Form der Blätter her würde sogar noch besser der Eisenhut *(Aconitum napellus)* passen, allerdings ist er die giftigste Pflanze Europas, das muss man berücksichtigen, wenn man sich ihn in den Garten holt. Allerdings sind viele alpine Wiesen voll von Eisenhut, ohne dass dies die österreichische Bevölkerung dezimiert hätte.

Wisley

Das nächste Beispiel stammt aus dem Schaugarten Wisley und ist besonders leicht naturnah nachzubauen. Es braucht eine Bank als Blickpunkt, links daneben Margeriten in Kombination mit der Gelben Skabiose und Wiesen-Salbei.

Die Gartenanlage Wisley ist zwar riesig, dieser kleine Ausschnitt passt aber in jeden Garten

Gleichsam als Rückwand hinter der Bank würden hoch wachsende Doldenblütler gut passen, zum Beispiel Hirsch-Haarstrang *(Peucedanum cervaria)*, Süßdolde *(Myrrhis odorata)* oder Wiesen-Bärenklau *(Heracleum sphondylium)*. Letzteren bitte nicht mit seinem Verwandten, dem Riesen-Bärenklau *(Heracleum mantegazzianum)*, verwechseln, dieser enthält ein fototoxisches Kontaktgift. Schön, aber nur kurzlebig sind auch Engelwurz-Arten *(Angelica archangelica* und *A. sylvestris)*.

Tipp

Im ersten Jahr kann man auch die Wilde Möhre *(Daucus carota)* dazwischen säen oder auch die gelb blühende Pastinake *(Pastinaca sativa)*. Beide sind zwar nur zweijährig, füllen aber anfänglich schön die Lücken aus.

Rechts von der Bank pflanzen wir Gilbweiderich *(Lysimachia vulgaris)*, den weißen Aspekt rechts im Bild könnte das Seifenkraut *(Saponaria officinalis)* bilden.

Chelsea Flower Show

Das folgende Beispiel stammt von der Chelsea Flower Show, und ich sage gleich dazu, so schön kriegt man es kaum selbst hin. Für diese Show werden beispielsweise 500 Rittersporpflanzen vorgezogen, und aus diesen werden nur die 50 besten, schönsten gewählt, die sich gerade im idealen, also fast aufgeblühten Zustand befinden. Immerhin wird der Rest inzwischen nicht mehr weggeworfen, sondern für andere Projekte verwendet.

Der Chelsea Chop

Stichwort »Chelsea«: Einen Trick möchte ich hier noch verraten, den sogenannten »Chelsea Chop«. Es handelt sich dabei um eine Rückschnitttechnik, mit der sich Wuchsform und Blütezeit von Stauden steuern lassen. Dieser Schnitt erfolgt in etwa zur Zeit der Chelsea Flower Show, Mitte bis Ende Mai, in rauen Gegenden gerne auch später.

Man schneidet die ganze Pflanze rundherum um etwa ein Drittel zurück, das heißt eine 90 Zentimeter hohe Staude wird auf 60 Zentimeter eingekürzt. Im Bereich des Schnitts treibt die Pflanze aus den Blattachseln neu aus und wächst viel buschiger und sehr standfest nach. Die Blütezeit wird durch diese Maßnahme deutlich verlängert.

Das ist die eine Methode, die Blühdauer zu verlängern. Die zweite ist, Stauden direkt nach der Blüte etwa handhoch über dem Boden abzuschneiden. Die Pflanze wird also der Samenbildung, sprich des Nachwuchses, beraubt, treibt noch mal durch und blüht später im Jahr noch einmal, wenn auch spärlicher als zur Hauptblüte.

Die Chelsea Flower Show zeigt immer aktuelle Strömungen der Gartengestaltung: Hier sieht man, dass »wild«, also Wildstauden in Mischpflanzungen, im Trend liegt.

Im Bild oben sieht man eine bunte Mischung, die eine Sitzgruppe umrahmt. Interessant ist dabei, dass tatsächlich einige Wildpflanzen verwendet wurden: Der Scharfe Hahnenfuß *(Ranunculus acris)* für den gelben Aspekt, dazu Wiesen-Storchschnabel *(Geranium pratense)*, Zypressen-Wolfsmilch *(Euphorbia cyaparissias)*, Große Bibernelle *(Pimpinella major)* und die Kuckucks-Lichtnelke *(Lychnis flos-cuculi)*. Letztere passt vom Standort her nicht wirklich gut, sie braucht wechselfeuchte bis feuchte Bedingungen. Immer gut funktioniert auch in solch einem Fall die Rote Lichtnelke *(Silene dioica)*.

Tipp Noch ein Beispiel von der Chelsea Flower Show: Die Baumscheibe eines jungen Baumes wurde hier mit duftenden Blütenpflanzen bestückt, auf dem Stuhl dahinter kann der Duft genossen werden. Es wurde hier die weiße Form der Roten Spornblume verwendet, statt dieser passt in der naturnäheren Variante das Seifenkraut. Kugel-Eibe, rechts im Bild, und grüner Fenchel, links, dürfen bleiben, die rosa Königskerze wird durch eine heimische gelbe Königskerzenart ersetzt. In einigen Jahren, wenn die Baumkrone Schatten wirft, werden alle Pflanzen bis auf die Eibe ersetzt.

Sissinghurst

Die berühmte Gertrude Jekyll hatten wir schon, jetzt möchte ich auch die ebenso bekannte Vita Sackville-West und ihren Traumgarten, Sissinghurst, vor den Vorhang holen. Über sie ist auch etwas ab Seite 161 geschrieben.

Sissinghurst ist groß und wunderbar, mit vielen unterschiedlichen Gartenräumen – das alles füllt ganze Bücher, die es schon gibt (zum Beispiel: »Sissinghurst. The Dream Garden« von Tim Richardson). Ich beschränke mich auf drei Beispiele.

Im ersten Bild (unten) sehen wir eine bunte Mischung aus blauen und cremefarbenen Schwertlilien, Kugellauch, Fingerhut und der wirklich universal als Füllstaude einsetzbaren Roten Lichtnelke.

Die Rote Lichtnelke bieten den Vorteil, dass sie sonnige bis halbschattige Standorte mag, sich deshalb auch zwischen höher wüchsigen Pflanzen behaupten kann. Im Bildvordergrund sieht man eine noch nicht blühende Staude, es ist die Rote Spornblume, ich vermute, die weiße Form, denn ihr Rot würde nicht zum Rot der Lichtnelken passen. Zur Atmosphäre trägt wesentlich auch die Backsteinmauer bei.

Das zweite Bild zeigt eine Gesamtsituation mit Sträuchern vor einer Mauer. Als weiß blühende Wildgehölze passen für solch eine Situation beispielsweise der Pfeifenstrauch (*Philadelphus coronarius)* oder die Steinweichsel *(Prunus mahaleb)*.

Der weiß blühende Pfeifenstrauch (links) bietet sich als Wildgehölz für solch eine Gestaltung an

Tipp

Den rotlaubigen Busch (rechts vor dem weißblühenden) dürfen Sie selbst wählen, dafür gibt es keine heimische Möglichkeit. Wir könnten aber einen Strauch mit ausgeprägter Herbstfärbung wählen, zum Beispiel das – allerdings giftige – Pfaffenhütchen *(Euonymus europaeus)*.

Als Stauden wurden Nachtviole *(Hesperis matronalis)*, eine violett-gelbe Schwertlilie und als Füller die Rote Lichtnelke verwendet. Später im Jahr werden dann Heil-Ziest *(Betonica officinalis)*, Malven *(Malva alcea* oder *M. sylvestris)* und Großer Wiesenknopf *(Sanguisorba officinalis)* blühen. Auch das silbrige Laub der kurzlebigen Vexiernelke *(Lychnis coronaria)* setzt bereits ohne Blüte einen Akzent, ebenso wie die gezackten Blätter eines Mannstreu *(Eryngium* spp.).

Besonders bekannt in Sissinghurst ist aber der »White Garden«, der »Weiße Garten«, vielleicht der berühmteste Garten der Welt. Weiße Gärten gibt es nicht nur in Sissinghurst, schließlich haben sie einen ganz besonderen Zauber, strahlen Reinheit aus, Ruhe, und sie passen zu jedem Ambiente, zum eleganten Stadthaus ebenso wie zu einem rustikalen oder auch ganz modernen Holzhaus.

Der White Garden in Sissinghurst: im rechten Bild die weiße Form der Nachviole (Hesperis matronalis), dazu im Hintergrund – und auch im linken Bild – ein weiß blühender Zierlauch. Die einjährige Großblütige Strahldolde (Orlaya grandiflora) – im linken Bild vorne – ist eine schöne Zwischensaat, den Hintergrund bilden hier weiße, hoch wachsende Doldenblütler.

Vita hat den weißen Garten nicht erfunden, sie berief sich auf Gertrude Jekylls Kommentare zu grau- und silberlaubigen Pflanzen in »Colour Schemes for the Flower Garden« aus dem Jahr 1908. Vita und ihr Mann, Herold Nicolson, entwarfen 1949 eigentlich einen »grauen, grünen und weißen Garten«. Später kam noch der Aspekt »silbriges Laub« dazu. Zur Leichtigkeit und Ruhe dieser Farbkombination kommt noch ihre Wirkung in der Dämmerung und – bei Mondlicht – sogar in der Nacht. So reflektieren viele dieser Pflanzen das Licht und entwickeln bei Dunkelheit betörende Düfte. Beides lockt Nachtfalter an, ein absoluter Bonus.

Weiße Blüten bedürfen auch eines Rahmens, sie wirken am besten vor einem Hintergrund aus Blättern in unterschiedlichen Grünschattierungen.

Tipp **Ein weißer Garten mit silberlaubigen Akzenten eignet sich auch als Lösung, wenn sich die Familie nicht auf ein Farbschema einigen kann.**

Weißer Garten naturnah

Um Ideen dieses weißen Gartens naturnah umzusetzen, gibt es zwei Wege.

Der eine ist, nur Pflanzen zu wählen, die tatsächlich auch in ihrer Wildform weiß sind, und zwar reinweiß und nicht cremefarben oder sogar cremegelb. Das schränkt die Auswahl etwas ein, besonders, wenn Sie auch noch gerne Pflanzen mit silbrigem Laub dabei hätten.

Lieber gehe ich den zweiten Weg und wähle heimische Arten, dabei auch einige, die ins Cremefarbene gehen, wie Mädesüß, oder die ins blasse Rosa changieren, wie Sterndolde, die ich mit weiß blühenden Sorten heimischer Pflanzen kombiniere, ergänzt um Pflanzen mit grauen oder silberfarbenen Blättern, die oft aus dem mediterranen Raum stammen.

Auf leicht feuchten, nährstoffreichen Standorten passt die Bertram-Schafgarbe (Achillea ptarmica)

Schmetterlinge wie hier der Schwarze Apollo mögen auch die weiße Form der Roten Spornblume

Die Blüten der Großblütigen Strahldolde ziehen im Beet die Blicke auf sich – allerdings nur ein bis zwei Jahre lang

Die cremefarbenen Blüten des Mädesüß sind wahre Insektenmagneten

Border im Garten von Manor Farm in Norfolk

Manor Farm

Das letzte Beispiel für ein gelungenes Border stammt aus dem Garten von Manor Farm in Norfolk. Schön ist dort der kugelig geschnittene, silberlaubige Kleinstrauch.

Eine Möglichkeit, um dieses Bild im eigenen Garten zu gestalten, wäre eine kugelige Zwerg-Form des Sanddorns *(Hippophae rhamnoise* ‚Hikul'), aber bitte mit Wurzelsperre. Oder wir wählen eine Blauraute *(Perovskia atriplicifolia),* die zwar silbriges Laub, aber keinen Kugelwuchs zeigt. Sie ist nicht heimisch, aber als Spätsommerblüher bei Bienen und Hummeln durchaus begehrt.

Neben dem Kleinstrauch ziehen im Border von Manor Farm weißer Zierlauch und die aus Chile stammende Patagonische Binsenlilie *(Libertia chilensis)* die Blicke auf sich. Letztere würde ich nicht wählen, sie stammt nicht mal von unserem Kontinent, und eine ähnliche Gestaltung erreichen Sie auch sehr schön mit heimischen Graslilien, so der Traubigen Graslilie *(Anthericum liliago)* oder der Rispigen Graslilie *(Anthericum ramosum).*

Gestaltungsvorschlag für einen weißen Garten

Im Folgenden nun ein Beispiel für einen Garten, der komplett mit weiß blühenden Pflanzen gestaltet wird. Die Beispielpflanzung ist etwa 15 Meter lang und an der breitesten Stelle etwa 8 Meter breit. Die Lage ist sonnig, der Boden wird im Bereich der Stauden abgemagert, um den Gießbedarf gering zu halten. Die dazugehörige Pflanzenliste finden Sie auf den folgenden beiden Seiten.

Ziemlich in der Mitte findet sich eine Bank zum Entspannen, um die herum Duftpflanzen wie Diptam und Federnelke gepflanzt werden. Auch der Duft des Pfeifenstrauchs *(Philadelphus coronarius)* weht bis zur Bank.

Die Stauden werden nach Wuchshöhe zu den Rändern hin gestaffelt, die höherwüchsigen Pflanzen im Hintergrund, die Bodendecker zum Weg hin. Dabei werden stets zwei bis drei Arten locker auf einer Fläche kombiniert. Dazwischen verteilen Sie die Zwiebelpflanzen und sähen die Großblütige Strahldolde *(Orlaya grandiflora)*, damit es schon im ersten Jahr schön weiß blüht.

Die Kombinationen sind im Pflanzplan und in der Pflanzenliste vom hinteren Bereich der Pflanzung (Kombinationen 1 und 2) bis nach vorne (Kombinationen 8, 9 und 10) durchnummeriert.

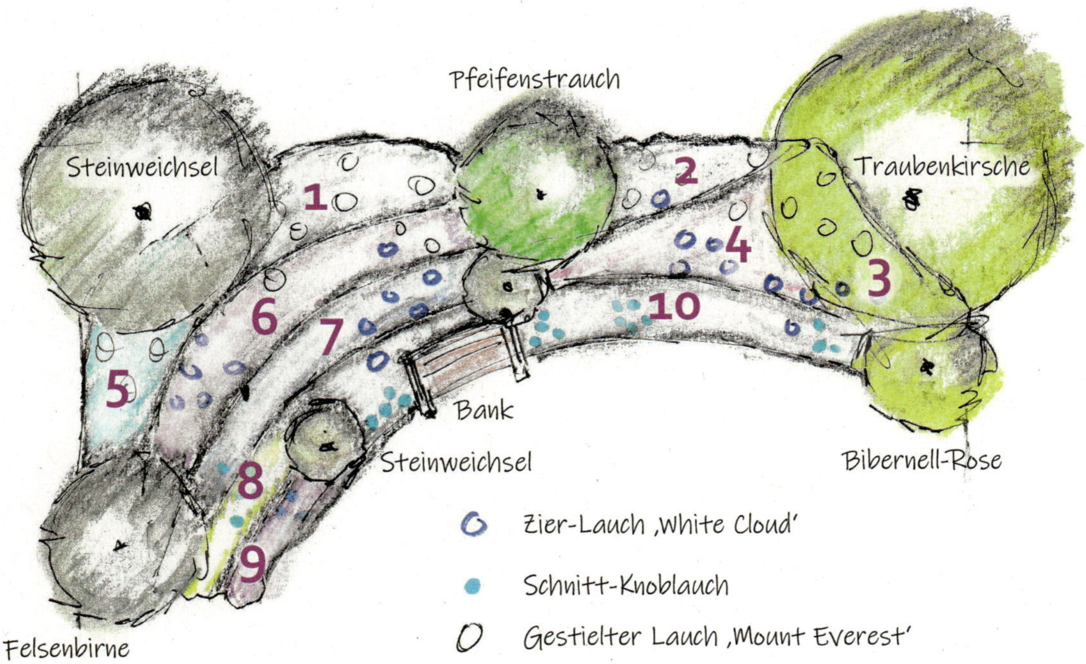

Pflanzplan für den weißen Garten

Der weiße Garten in sonniger Lage – Pflanzplan auf Seite 151

mit * gekennzeichnete Pflanzen sind nicht heimisch, beziehungsweise sind Sorten

Botanischer Name ***Deutscher Name***	***Wuchshöhe*** ***Blütenfarbe***	*J*	*F*	*M*	*A*	*M*	*J*	*J*	*A*	*S*	*O*	*N*	*D*
Gehölze													
Amelanchier ovalis Echte Felsenbirne	100 – 300 cm weiß				❀	❀							
Prunus fruticosa Zwerg-Weichsel	30 – 100 cm weiß				❀	❀							
Prunus mahaleb Steinweichsel	200 – 600 cm weiß				❀	❀							
Prunus padus Traubenkirsche	200 – 900 cm weiß				❀	❀							
Rosa pimpinellifolia Bibernell-Rose	100 – 150 cm weiß					❀	❀						
Philadelphus coronarius Pfeifenstrauch	100 – 300 cm weiß						❀	❀					
Stauden-Kombinationen													
Stauden-Kombination 1													
Artemisia absinthium ‚Lambrooke Mist' Wermut*, weiße Sorte	80 cm weiß							❀	❀				
Dipsacus laciniatus Schlitzblatt-Karde, 2-jährig	80 – 200 cm weiß							❀	❀	❀			
Stauden-Kombination 2													
Angelica archangelica Engelwurz, 2-jährig	250 cm weiß						❀	❀					
Angelica sylvestris Wald-Engelwurz, 2-jährig	50 – 150 cm weiß							❀	❀	❀			
Stauden-Kombination 3													
Digitalis purpurea ‚Alba' Purpur-Fingerhut*, weiße Sorte	60 – 150 cm cremeweiß						❀	❀	❀				
Angelica sylvestris Wald-Engelwurz, 2-jährig	50 – 150 cm weiß							❀	❀				
Stauden-Kombination 4													
Digitalis purpurea ‚Alba' Purpur-Fingerhut*, weiße Sorte	60 – 150 cm cremeweiß						❀	❀	❀				
Thalictrum aquilegiifolium ‚Nimbus White'® Akeleiblättrige Wiesenraute*, weiße Sorte	100 – 130 cm weiß							❀	❀				
Stauden-Kombination 5													
Seseli libanotis ssp. indermedium Hügel-Heilwurz	60 – 150 cm weiß						❀	❀					
Artemisia absinthium ‚Lambrooke Mist' Wermut*, weiße Sorte	80 cm weiß							❀	❀	❀			

Botanischer Name ***Deutscher Name***	***Wuchshöhe*** ***Blütenfarbe***	*J*	*F*	*M*	*A*	*M*	*J*	*J*	*A*	*S*	*O*	*N*	*D*
Stauden-Kombination 6													
Salvia sclarea ‚Vatican White' **Muskateller-Salbei*, weiße Sorte**	80 – 100 cm weiß						✿	✿					
Centranthus ruber ‚Albus' **Spornblume*, weiße Sorte**	60 cm weiß						✿	✿	✿	✿			
Stauden-Kombination 7													
Malva moschata ‚Alba' **Weiße Moschus-Malve**	20 – 80 cm weiß						✿	✿	✿	✿			
Silene vulgaris **Blasenleimkraut**	30 – 50 cm hellrosa						✿	✿	✿	✿			
Echinops bannaticus ‚Albus' **Kugeldistel***	80 cm weiß							✿	✿	✿			
Stauden-Kombination 8													
Anemone sylvestris **Waldsteppen-Windröschen**	15 – 40 cm weiß, gelbes Auge				✿	✿	✿						
Anthericum ramosum **Ästige Graslilie**	20 – 50 cm weiß						✿	✿	✿				
Silene vulgaris **Blasenleimkraut**	30 – 50 cm hellrosa						✿	✿	✿				
Stauden-Kombination 9													
Anthericum ramosum **Ästige Graslilie**	20 – 50 cm weiß						✿	✿	✿				
Dianthus serotinus **Späte Federnelke**	20 – 30 cm weiß						✿	✿	✿	✿	✿		
Stauden-Kombination 10													
Anemone sylvestris **Waldsteppen-Windröschen**	15 – 40 cm weiß, gelbes Auge				✿	✿	✿						
Geranium sanguineum ‚Album' **Blutroter Storchschnabel*, weiße Form**	15 – 50 cm weiß					✿	✿						
Dictamnus albus ‚Albiflorus' **Diptam, weiße Form**	80 cm weiß						✿	✿					
Ansaaten													
Orlaya grandiflora **Strahldolde, 1-jährig**	20 – 50 cm weiß						✿	✿	✿				
Zwiebelpflanzen													
Allium × cult. ‚White Cloud' **Zier-Lauch*, Sorte**	80 cm weiß					✿	✿						
Allium stipitatum ‚Mount Everest' **Gestielter Lauch*, Sorte**	120 cm weiß						✿	✿					
Allium tuberosum **Schnitt-Knoblauch***	40 cm weiß							✿	✿				

A light here required a shadow there

Waldgärten

A light here required a shadow there – ein Zitat von Virginia Woolf (1882–1941). Auch Gartenbereiche im Schatten auf nährstoffreichen, gut mit Wasser versorgten Böden lassen sich attraktiv mit Pflanzen gestalten. Durch das sich zersetzende Laub der Bäume reichern sich laufend weitere Nährstoffe an, da braucht es Stauden, die gut damit leben können. Ein schönes und einfach zu pflanzendes Beispiel stammt aus dem Garten von Crugsillick Manor in Cornwall – mit Mauer, Baum und davor einer Mischung aus verschiedenen Storchschnabel-Arten.

Aus den mehr als 20 heimischen Storchschnabel-Arten passen für solch eine Gestaltung gut der Wald-Storchschnabel *(Geranium sylvaricum)* und der Braune Storchschnabel *(Geranium phaeum)*, von dem es auch eine weiße Sorte gibt. Weiße Sorten einer Wildart haben in eher finsteren Gartenbereichen eine aufhellende Wirkung. Ist die Situation eher halblicht als halbschattig, passt auch noch der Wiesen-Storchschnabel *(Geranium pratense)* gut.

Tritt man ein paar Schritte zurück (Bild oben), sieht man, dass der Weg links von einem rotlaubigen Holunder *(Sambucus nigra* ‚Black Lace‘) gesäumt wird, und rechts erkennt man die Samenstände der einjährigen Gartenmondviole *(Lunaria annua),* unterpflanzt mit der weiß blühenden Großen Sternmiere *(Stellaria holostea).*

Tipp **Statt der Gartenmondviole würde ich die ausdauernde Mondviole *(Lunaria rediviva)* wählen. Um sie muss man sich weniger kümmern. Sie ist eine traumhafte Duftpflanze und ein Nachtfaltermagnet.**

Mondviole als schöne Alternative zur Gartenmondviole

Bilder links und ganz oben: Traumhafte Schattenpflanzung im Garten von Crugsillick Manor in Cornwall

Eine Gestaltung im Halbschatten auf der Chelsea Flower Show

Die Gestaltung im Bild oben stammt von der Chelsea Flower Show. Sie soll als Vorlage für eine vergleichbare naturnahe Gestaltung dienen: Das Beet sollte im Halbschatten, nicht im Vollschatten liegen, Farne sind die Strukturgeber, dazu die blau blühende Sibirische Schwertlilie *(Iris sibirica)*, diese bitte im sonnigsten Bereich des Beetes.

Als Weißblüher im Vordergrund passen die Große Sternmiere oder auch Bärlauch *(Allium ursinum)*, Knoblauchsrauke *(Alliaria petiolata)* oder Sterndolde *(Astrantia major)*.

Für solch große Blätter, wie hier im Bild die der Funkie, gibt es keine heimische Art, die das eins zu eins bieten könnte. Unter den Heimischen würde ich stattdessen Beinwell *(Symphytum officinals)* oder Lungenkraut *(Pulmonaria officinalis)* wählen.

Lungenkraut

Beinwell

Bärlauch

Farne wirken schön als Gestaltgeber wie im folgenden Bild (rechts unten) aus London. Dazu eine weiße Sorte der Sibirischen Schwertlilie, Seifenkraut *(Saponaria officinalis),* das eine wertvolle Nachtfalterpflanze ist, und, wenn der Standort feucht genug ist, Waldmeister *(Galium odoratum)* als Bodendecker. Und schon ist diese Gestaltung »wild« geworden.

Schneeballblättrige Blasenspiere ‚Lady in Red': Vorschlag für das rotlaubige Gehölz in einer vergleichbaren Gestaltung

Farne als Gestaltgeber in London

Zwei Gehölze bilden hier den Hintergrund, eines davon rotlaubig für schönen Kontrast. Für eine vergleichbare Gestaltung erlaube ich mir, eine Nordamerikanerin vorzuschlagen, und zwar die Schneeballblättrige Blasenspiere ‚Lady in Red' *(Physocarpus opulifolius),* selbstverständlich nur als Einzelstück. Immerhin nutzen fast 30 Wildbienenarten ihren Pollen und Nektar, darunter sind allerdings keine Spezialisten.

Als zweites Gehölz, sozusagen als Kompensation für die nicht heimische Blasenspiere, schlage ich den Gelben Hartriegel vor *(Cornus mas),* ein enorm wichtiger Nahrungsspender für früh fliegende Bienen und Hummeln.

Tipp Die Farne hier in London sind Baumfarne, die bei uns nicht winterhart sind. Um trotzdem diesen Effekt zu erreichen, kann man großwüchsige heimische Farne, zum Beispiel Wurmfarn *(Dryopteris filix-mas),* erhöht pflanzen, auf eine Mauer, oder sie in einen hohen Topf setzen.

Wie attraktiv eine einfache Reihe von Farnen im Schatten vor einem Gebäude sein kann, zeigt das folgende Beispiel aus dem Garten The Barnes. Da sich die Farnwedel nicht sehr früh im Jahr entrollen, würde ich dazwischen noch früh blühende niederwüchsige Stauden setzen, wie Buschwindröschen *(Anemone nemorosa),* Veilchen *(Viola odorata)* oder Leberblümchen *(Hepatica nobilis).*

Bevor sich die Farnwedel entrollen, können an solch einem Standort zum Beispiel Leberblümchen blühen, die früh im Jahr ihre Blüten öffnen

Häufig gibt es in Gärten auch Bereiche im lichten Baumschatten. Eine sehr schöne Pflanze für solche Standorte ist unter anderem der Fingerhut, der sehr attraktiv und ein Hummelmagnet, aber leider auch sehr giftig ist. Über die Verwendung giftiger Pflanzen muss jede Gärtnerin, jeder Gärtner selbst entscheiden, eignen würden sich der aus Westeuropa stammende Purpur-Fingerhut *(Digitalis purpurea)* und der Großblütige Fingerhut *(Digitalis grandiflora).*

Die Bilder auf der rechten Seite zeigen solch halbschattige Standorte, auf denen Digitalis-Arten gepflanzt wurden. Unten eine Kombination in Blau-Weiß auf der Chelsea Flower Show, oben ein traumhafter Saum, hier auch in Kombination mit Rosen, entlang eines Gebäudes im Garten von Bere Mill in Cornwall.

Poor soil grows rich flowers

Kiesgärten

Kiesgärten entstehen auf Böden, so mager und steinig, dass nur speziell angepasste Pflanzen dort ihr Auskommen finden. Zu diesen angepassten Pflanzen zählen sehr attraktive, wie Kartäusernelke, Sonnenröschen oder Königskerzen. Sie sind eine Bereicherung für jeden Garten, sowohl optisch als auch als Nahrungslieferanten für spezialisierte Insekten. Solch ein nährstoffarmer, steiniger, wasserdurchlässiger Standort findet sich per se in Gärten aber eher selten, außer er wird extra angelegt. Und das ist der Moment, wo Biodiversität und ökologischer Fußabdruck abgewogen werden. Ja, Pflanzen der Magerstandorte bringen Vielfalt, aber leider muss dafür der vorhandene nährstoffreiche Boden auf mindestens 50 Zentimeter Tiefe abgetragen und durch steiniges Substrat ersetzt werden. Das bedeutet, fruchtbare Böden per Lkw auf die Deponie zu führen, in meinen Augen keine gute Idee.

Tipp **Oft findet sich aber eine bessere Lösung, wenn zum Beispiel eine versiegelte Fläche, unter der ohnehin kein lebendiger Boden zu finden ist, entsiegelt wird, oder wenn ein Hang terrassiert wird und so hinter der Trockenmauer ein Magerstandort entsteht.**

Im Garten von Hindringham Hall findet sich ein Beispiel für einen fließenden Übergang von Kiesweg und Pflanzung (siehe Bild nebenstehende Seite). Die asiatische Herbst-Anemone *(Anemone hupehensis)* ist dort sozusagen aus dem Beet ausgebrochen und versucht, den Weg zu erobern. Diese Anemone ist zwar schön, aber nicht heimisch und neigt sehr zum Ausbrechen, also zur Massenwüchsigkeit.

Stattdessen schlage ich für solch eine Gestaltung das maximal 30 Zentimeter hohe Waldsteppen-Windröschen *(Anemone sylvestris)* vor oder die Moschus-Malve *(Malva moschata),* wenn es höher werden darf – Letztere auch in ihrer weißen Form, wenn es gestalterisch besser passt. Als leuchtenden Blickpunkt könnten Sie die Büschelnelke *(Dianthus armeria)* dazusetzen und als blassrosa Füllpflanze passt gut der Echte Dost *(Origanum vulgare),* wie auch hier im Garten von Hindringham Hall.

Im Garten von Hindringham Hall hat die wuchsfreudige Herbst-Anemone aus dem Beet den Kiesweg erobert

Delos – der Kiesgarten in Sissinghurst

Und nun zum berühmten Kiesgarten in Sissinghurst in der Grafschaft Kent, gestaltet von der ebenso berühmten Vita Sackville-West. Mehr zu Sissinghurst im Kapitel »Borders« ab Seite 146.

Der Kiesgarten in Sissinghurst heißt Delos, der gleichnamigen Ruinenstadt in Griechenland nachempfunden. Die flachen Felsen und geschlichteten Mauern des Gartens symbolisieren die Fundamente der einst prächtigen Häuser und Tempel der Insel Delos. Die Idee entwickelte Vita 1935 nach einer Reise dorthin gemeinsam mit ihrem Mann, dem Diplomaten Herold Nicolson. Als Basis verwendeten die beiden ursprünglich Steine des alten Sissinghurst, pflanzten Thymian, Steinbrech und Schwertlilien. Allein, die Wahl des Standortes war etwas glücklos, die Pflanzen gediehen nicht so recht in nordseitiger Lage auf schlecht entwässertem Boden. Das Mittelmeergefühl wollte sich nicht einstellen. Später wurde Rasen hinzugefügt, nicht gerade typisch mediterran, 1969 wurden dann auch noch die großen Steine entfernt.

Bis 2019 existierte Delos unauffällig vor sich hin. Dann beschloss der aktuelle Besitzer, der National Trust, Delos neu aufzustellen. Es ist immer kontrovers, wenn berühmte historische Anlagen verändert werden sollen, aber diese hatte schließlich nie so richtig funktioniert.

Der Standort wurde entwässert, der Boden besteht nun zu 50 Prozent aus Kies, Bäume wurden gefällt, um mehr Licht einzulassen, Mauern schaffen einen eigenen Gartenraum. Nach Fotos von Herold und Vita aus Delos wurden ähnlich aussehende, große, flache Felsen positioniert, die Grundidee von fünf verschiedenen Steingruppen blieb erhalten, sie wurden aber anders angeordnet. Es sollte kein klassischer Steingarten werden, sondern eine Landschaft mit passender Pflanzengemeinschaft.

Dort wachsen heute mediterrane Kräuter – Thymian, Lavendel, Salbei, Rosmarin –, dazu Zistrosen. Zistrosen bilden mit rund 20 verschiedenen Arten die Gattung der Zistrosen *(Cistus),* die alle im Mittelmeerraum und auf den Kanarischen Inseln beheimatet sind. Sie wachsen auf humusarmen, trockenen, steinigen Böden in voller Sonne – selbst die größte Mittagshitze macht den Pflanzen nichts aus.

Tipp Die wintergrüne, zart duftende Lorbeerblättrige Zistrose *(Cistus laurifolius)* hat als ein Meter hoher Kleinstrauch in vielen Gärten Platz und ist fast überall in Deutschland winterhart. Ein geschützter Standort mit sehr wasserdurchlässigem Boden ist aber Bedingung, ein Winterschutz schadet nicht.

Die Gestaltung mit Trockenmauern und gekiesten Wegen erinnert sehr an den Stil, der auch in den modernen mitteleuropäischen Naturgärten gepflegt wird.
Im Bild oben links wächst die Mediterrane Wolfsmilch (Euphorbia characias wulfenii), rechts oben wuchern Steinkraut (Alyssum ssp.) und Polsternelken am Haupt der Trockenmauer.

Um den Brunnen in der Mitte des Weges finden sich Zypressen-Wolfsmilch (Euphorbia cyparissias) und Blut-Storchschnabel (Geranium sanguineum)

Im neuen Delos wurden auch neun verschiedene Brandkraut-Arten *(Phlomis* spp.) verwendet. Bei uns heimisch ist nur das wunderschöne Knollen-Brandkraut *(Phlomis tuberosa)*. Es wird bis zu 1,50 Meter hoch, wirkt im Beet also als Strukturbildner, gerne in Kombination mit Edel-Gamander *(Teucrium chamaedris)*, mit Nelken-Arten, wie der weiß blühenden Pfingstnelke *(Dianthus gratianopolitanus)* oder ebenfalls in Weiß der Späten Federnelke *(Dianthus serotinus)*, dazu in Meeresblau Mannstreu *(Eryngium campestre* oder *E. amethystinum)*.

Tipp Interessant ist auch die Ansaat von Einjährigen, oft Wildpflanzen, die teilweise von der Insel Delos importiert wurden. Für unsere heimische Variante empfehle ich Flachs *(Linum usitatissimum)*, Venusspiegel *(Legousia speculum-veneris)* und Erdrauch *(Fumaria officinalis)* oder das Nacht-Leimkraut *(Silene noctiflora)*. Verwandte all dieser Arten finden sich im Garten Delos.

Bild links: Zistrose

Gestaltungsvorschlag für einen Vorgarten im Stil von Delos

Im folgenden Gestaltungsplan habe ich die charakteristischen Elemente aus Sissinghurst in einen klassischen Vorgarten eingebaut, und zwar so, dass eine nur kniehohe Mauer die Abgrenzung zum Gehweg bildet. Die Mauer ist etwa 30 Zentimeter in das Grundstück hineingerückt, sodass auch am äußeren Mauerfuß Pflanzen Raum finden. Dort wächst flächig Thymian, dazwischen wachsen locker Salbei *(Salvia officinalis)* und eine kompakte, tief violettblaue Sorte des Lavendels *(Lavandula angustifolia* ‚Hidcote Blue‘).

Die dazugehörige Pflanzenliste für diese Gestaltung finden Sie ab Seite 166.

Tipp Als Zugang zum Haus werden große, schwere Trittplatten aus regionalem Stein in ein Splittbett gelegt. Aus demselben Steinbruch sollten auch die Steine für Mauern und Felsen stammen. Oder Sie verwenden Recyclingmaterial, das sieht ganz anders aus, ist besonders nachhaltig und hat seinen eigenen Charme.

Wir gehen davon aus, dass die Erde im Vorgarten durch den Hausbau ohnehin zerstört wurde. Sie wird also durch Kalkbruch in der Körnung 0/8 ersetzt, vermischt mit etwa 20 Prozent Humus. Nur im Bereich der Gehölze dürfen es 50 Prozent Humus sein.

Die verwendeten Gehölze (Kreuzdorn und vier Lorbeerblättrige Zistrosen) – oder ihnen nah verwandte Arten – wachsen auch in Delos, allein die Ölweide *(Eleagnus angustifolia)* ist mein Vorschlag. In Delos wurden Olivenbäume gepflanzt, das kann in milden Lagen in Mitteleuropa »dank« Erderhitzung gut gehen, muss aber nicht.

Tipp Die Ölweide mit ihren silbrigen, schmalen Blättern sieht der Olive ähnlich, stammt aus Zentralasien und wurde bereits im 17. Jahrhundert im Mittelmeerraum angesiedelt. Sie verträgt Trockenheit gut, duftet und wird von Bienen bestäubt. Eigentlich nicht schlecht für den Zweck, wäre da nicht ihre Vorliebe, Ausläufer zu treiben. Weil der Vorgarten aber ohnehin neu angelegt wird, bauen wir einfach eine tiefe Wurzelsperre mit ein.

Die Mauer neben der Ölweide ist etwa kniehoch, das gibt den dahinter gepflanzten Rosmarinbüschen einen Höhenvorsprung: Zwei kugelig wachsende Sorten und zwei hängende Sorten *(Rosmarinus officinalis* ‚Repens‘) teilen sich den Raum, dazwischen duftet Thymian.

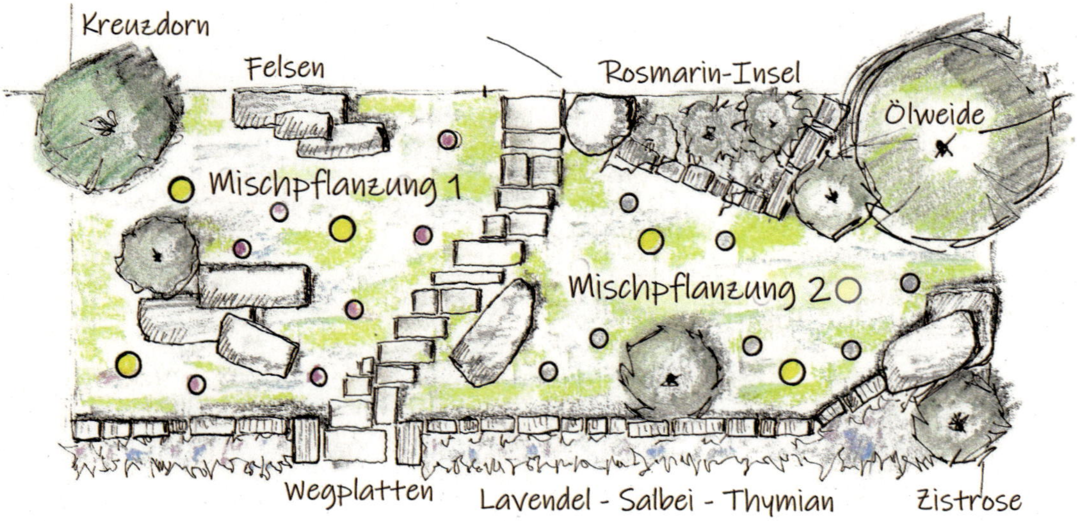

Pflanzplan für den Vorgarten im Stil von Delos, dem Kiesgarten in Sissinghurst

Delos ist so konzipiert, dass trotz der Staudenmischpflanzungen der steinige Boden zwischen den Stauden zu sehen ist, typisch für südliche Gefilde. Die Mischpflanzung, die in den beiden Beeten rechts und links vom Plattenweg zu sehen ist, können Sie gut nachmachen. Die beiden Bereiche sind je 20 Quadratmeter groß – um aber mediterran zu wirken, wird nicht so dicht gepflanzt, wie es für eine Staudenpflanzung mit hundert Prozent Bodendeckung nötig wäre. Die Stückzahlen in der Pflanzenliste reichen für etwa 75 Prozent Bodendeckung.

Weil wir vor allem heimische Pflanzen mit Mehrwert für Insekten möchten, darf Delos zwar Vorbild sein, statt der dort verwendeten Arten wählen wir aber meist in Mitteleuropa heimische, ähnliche Arten: Statt der Kreta-Schwarznessel *(Pseudodictamnus mediterraneus)* planen wir die verwandte Gewöhnliche Schwarznessel *(Ballota nigra)* ein, statt Lomelosia cretica die heimische Tauben-Skabiose *(Scabiosa columbaria)*, die sehr ähnliche Blüten hat. Im echten Delos wachsen noch mehr Pflanzenarten, für unseren Mustervorgarten wäre das aber zu viele, also muss ich mich, leider, leider beschränken.

Auch die Idee der Ansaat von ein- und zweijährigen Blumen habe ich in etwa von Vita und Harold übernommen, ebenso wie die Zwiebelpflanzen.

Tipp Achten Sie darauf, unter den Zwiebeln ein kleines Schäufelchen wasserspeichernden Humus extra zu geben, die Zwiebeln vertrocknen sonst leicht.

Die Schneeglöckchen *(Galanthus nivalis)* passen am besten unter die Büsche, dort gibt es mehr Humus und Feuchtigkeit.

Vorgarten im Stil von Delos – Pflanzplan auf Seite 165

mit * gekennzeichnete Pflanzen sind nicht heimisch, beziehungsweise sind Sorten

Stückzahl	***Botanischer Name*** ***Deutscher Name***	***Wuchshöhe*** ***Blütenfarbe***	***J***	***F***	***M***	***A***	***M***	***J***	***J***	***A***	***S***	***O***	***N***	***D***
Gehölze														
1	Eleagnus angustifolia Schmalblatt-Ölweide*	300 – 900 cm blassgelb					✿	✿						
1	Rhamnus cathartica Purgier-Kreuzdorn	100 – 300 cm grünlich					✿	✿						
4	Cistus laurifolius Lorbeerblättrige Zistrose*	100 cm cremeweiß						✿						
Rosmarin-Insel														
12	Thymus praecox Frühblühender Thymian	2 – 10 cm blassviolett					✿	✿	✿					
2	Rosmarinus officinalis Rosmarin*	30 – 60 cm blasslila					✿	✿	✿	✿				
2	Rosmarinus officinalis ‚Repens´ Rosmarin*, Hängeform	30 – 60 cm blasslila					✿	✿	✿	✿				
Am Mauerfuß														
12	Thymus praecox Frühblühender Thymian	2 – 10 cm blassviolett					✿	✿	✿					
9	Lavandula angustifolia ‚Hidcote Blue´ Lavendel*, Sorte	30 – 40 cm blaulila						✿	✿					
3	Salvia officinalis Salbei	40 – 60 cm hellviolett						✿	✿					
6	Thymus citriodorus Zitronenthymian	25 – 30 cm blassviolett							✿	✿				
Mischpflanzung 1														
12	Iris pumila Zwerg-Schwertlilie	10 – 15 cm blassgelb, blau, lila				✿	✿							
12	Dianthus gratianopolitanus Pfingst-Nelke	10 – 25 cm rosarot					✿	✿						
12	Melica nutans Nickendes Perlgras	30 – 60 cm grünlich					✿	✿						
12	Briza media Mittleres Zittergras	20 – 50 cm grünlich					✿	✿	✿					
12	Thymus praecox Frühblühender Thymian	2 – 10 cm blassviolett					✿	✿	✿					
12	Geranium sanguineum Blutroter Storchschnabel	15 – 50 cm pinkfarben					✿	✿	✿	✿				
9	Phlomis tuberosa Knollen-Brandkraut	100 – 120 cm hellpurpur						✿	✿					
3	Verbascum speciosum Pracht-Königskerze, 2-jährig	100 – 150 cm gelb						✿	✿					

Stückzahl	**Botanischer Name** **Deutscher Name**	**Wuchshöhe** **Blütenfarbe**	**J**	**F**	**M**	**A**	**M**	**J**	**J**	**A**	**S**	**O**	**N**	**D**
12	Stachys recta Aufrechter Ziest	20 – 60 cm cremegelb						✿	✿	✿	✿	✿		
7	Achillea millefolium Echte Schafgarbe	30 – 60 cm weiß						✿	✿	✿	✿	✿	✿	
5	Eryngium campestre Feld-Mannstreu	20 – 60 cm blassgrünlich							✿	✿	✿			
12	Scabiosa columbaria Tauben-Skabiose	20 – 60 cm blasslila							✿	✿	✿	✿		
Mischpflanzung 2														
9	Euphorbia cyparissias Zypressen-Wolfsmilch	20 – 30 cm gelbgrün				✿	✿							
12	Iris pumila Zwerg-Schwertlilie	10 – 15 cm blassgelb, blau, lila				✿	✿							
12	Melica nutans Nickendes Perlgras	30 – 60 cm grünlich					✿	✿						
12	Briza media Mittleres Zittergras	20 – 50 cm grünlich					✿	✿	✿					
9	Thymus praecox Frühblühender Thymian	2 – 10 cm blassviolett					✿	✿	✿					
3	Verbascum olympicum Kandelaber-Königskerze*, 2-jährig	180 cm gelb						✿	✿					
12	Stachys recta Aufrechter Ziest	20 – 60 cm cremegelb						✿	✿	✿	✿	✿		
9	Eryngium planum Flachblatt-Mannstreu	80 cm blau							✿	✿				
12	Thymus pulegioides Arznei-Thymian	2 – 10 cm hellrosa							✿	✿				
9	Teucrium chamaedrys Edel-Gamander	10 – 30 cm zartrosa							✿	✿	✿			
9	Ballota nigra Gewöhnliche Schwarznessel	50 – 100 cm hellviolett							✿	✿	✿	✿		
Ansaaten														
2 m²	Dianthus armeria Büschel-Nelke, 2-jährig	30 – 60 cm purpurfarben						✿	✿	✿				
3 m²	Legousia speculum-veneris Großer Venusspiegel, 1-jährig	10 – 20 cm blauviolett						✿	✿	✿				
2 m²	Silene noctiflora Nacht-Lichtnelke, 1-jährig	15 – 45 cm weiß						✿	✿	✿	✿			
2 m²	Linaria vulgaris Echtes Leinkraut	30 – 60 cm hellgelb						✿	✿	✿	✿	✿		

Fortsetzung der Tabelle auf der nächsten Seite →

Stückzahl	Botanischer Name Deutscher Name	Wuchshöhe Blütenfarbe	J	F	M	A	M	J	J	A	S	O	N	D
Zwiebelpflanzen														
100	Galanthus nivalis **Schneeglöckchen**	10 – 15 cm weiß		✿	✿									
100	Crocus spp. **Krokus, gelb, lila**	10 – 20 cm gelb, lila, violett		✿	✿	✿								
100	Scilla hyacinthoides **Hyzinthen-Blaustern**	30 – 50 cm blau				✿	✿							
80	Crocus sativus **Safran-Krokus**	8 – 10 cm hellviolett										✿	✿	

Ein Border mit Prachtstauden vor einer klassischen Backsteinmauer in den Waterperry Gardens in Shropshire

Anregungen und Fragen
sind herzlich willkommen!

See you again!

So, wieder ein Buch geschafft und wieder das Gefühl, dass noch nicht alles gesagt und gezeigt wurde. Es gibt noch so unendlich viele wunderbare Gärten auf der Insel, ich habe noch so viele Fotos und noch so viele Ideen für naturnahe Umgestaltungen.

Jedenfalls hoffe ich, dass Ihnen das Buch Freude gemacht hat, Sie einiges mitnehmen konnten und vielleicht sogar das eine oder andere im eigenen Garten umsetzen wollen. Dann habe ich mein Ziel erreicht: Lust auf schöne, wildpflanzenreiche Naturgärten zu machen, die Menschen zum Nachmachen motivieren, und so dazu beizutragen, dass sich das Netz an Biodiversitätsflächen in Mitteleuropa vergrößert. Wir brauchen Freiräume, wir brauchen giftfreie Blühflächen, wir brauchen Leben, Wildpflanzen und Wildtiere. Nicht nur, weil das gegenüber der Lebewelt, der Vielfalt an Pflanzen und Tieren, gerecht ist, nein, auch weil dieses Lebensnetz die Basis des Überlebens für unsere eigene Spezies ist.

Nun, falls das Buch gefallen hat, was ich schwer hoffe, würde ich mich freuen, wenn Sie das dem Verlag oder mir kommunizieren, vielleicht gibt es eine Fortsetzung. Ich habe noch viele Reisepläne. Oder interessiert Sie ein anderes Naturgartenthema, von dem Sie annehmen, dass ich darüber schreiben könnte? Teilen Sie es mir mit, ich freue mich über Anregungen und Fragen.

Die Autorin

Paula Polak, Jahrgang 1961, aufgewachsen in der Großstadt Wien und einem steirischen Bergdorf, verbrachte Kindheit und Jugend am liebsten in Wald und Wiese. Sie hatte immer schon ein Bedürfnis, zur Weltrettung beizutragen, unter anderem bei der Besetzung der Hainburger Au, die durch das Engagement der Vielen gerettet werden konnte und jetzt ein gern besuchter Nationalpark ist.

Neben dem Studium der Landschaftsökologie und Landschaftsplanung engagierte sie sich für unterschiedliche Umweltschutzprojekte und war 15 Jahre lang Teilhaberin der Firma »Naturgarten«, der ersten österreichischen Gartenbaufirma, die die gesamte Palette der naturnahen Gestaltung anbietet. Seit 2005 führt sie ihr eigenes Ingenieurbüro und ist neben den Planungsarbeiten begeistert als Autorin und Referentin tätig. Sie ist Gründungsmitglied des REWISA®-Netzwerks, eines Vereins für naturnah arbeitende Fachbetriebe im Bereich Garten- und Landschaftsbau. Seit 2016 ist sie zusammen mit drei weiteren Frauen Besitzerin der Wildstaudengärtnerei »Wilde Blumen«. Mit Frauen und Pflanzen zu arbeiten, ist wunderbar, und Paula denkt nicht ans Aufhören, solange Körper und Geist noch willig sind.

Weitere Informationen: www.paulapolak.com

Die Gärten im Buch

Im Folgenden finden Sie die englischen Gärten, die im Buch genannt sind, jeweils mit Namen und Internetseite, geordnet nach Grafschaften. Oft findet man nähere Hinweise zu den Gärten auf der Internetseite des *National Garden Scheme,* beziehungsweise des *National Trust:* In diesen Fällen gebe ich diese Seite an, dort finden Sie auch die Adressen und Öffnungszeiten.

Cornwall

- **Bere Mill** www.ngs.org.uk/gardens/bere-mill-rg2
- **Crugsillick Manor** www.ngs.org.uk/gardens/crugsillick-manor-tr2
- **Lamorran House** www.lamorrangardens.co.uk
- **Lost Garden of Heligan** www.heligan.com
- **Marsh Villa** www.cornwallgardensociety.org.uk/event/garden-visit-to-marsh-villa-and-bodmin-nursery
- **Pugin Hall** www.ngs.org.uk/gardens/pugin-hall-dt2
- **Trebah Garden** www.trebahgarden.co.uk

South Yorkshire

- **Ellicar Gardens** www.ellicar.co.uk

Hertfordshire

- **The Barn Garden** www.ngs.org.uk/tom-stuart-smith-the-barn www.suestuartsmith.com/the-barn-garden

Kent

- **Sissinghurst Castle Garden** www.nationaltrust.org.uk/visit/kent/sissinghurst-castle-garden

London

- **Chelsea Flower Show** www.rhs.org.uk/shows-events/rhs-chelsea-flower-show
- **Chelsea Physic Garden** www.chelseaphysicgarden.co.uk
- Fotos auch aus den **Temple Gardens, Kensington Gardens** und **Hyde Park**

❊ **Bressingham Gardens**	www.thebressinghamgardens.com/
❊ **Chenies Manor House**	www.cheniesmanorhouse.co.uk
❊ **Fiddian's Follies Upwood Farm**	www.ngs.org.uk/gardens/fiddians-follies-nr1
❊ **Gotha Gardens**	gothagardens.square.site
❊ **Hindringham Hall**	www.ngs.org.uk/gardens/hindringham-hall-nr2
❊ **Houghton Hall and Gardens**	www.houghtonhall.com
❊ **Manor Farm**	findagarden.ngs.org.uk/garden/45581/wensum-house
❊ **Manor House Farm**	www.manor-house-farm.co.uk

Norfolk

❊ **Wretham Lodge**	www.ngs.org.uk/gardens/wretham-lodge-ip2

Shropshire

❊ **Cruckfield House**	www.ngs.org.uk/gardens/cruckfield-house-sy5
❊ **Edge Villa**	www.ngs.org.uk/edge-villa-shropshire-the-hillside-garden
❊ **Goldstone Hall**	www.goldstonehallhotel.co.uk/garden
❊ **Hodnet Hall**	www.hodnethallgardens.org
❊ **Stretton Old Hall**	www.crocus.co.uk/national-garden-scheme/stretton-old-hall
❊ **Sunningdale House**	ist privat, hat keine Internetseite, auch nicht beim National Garden Scheme
❊ **Waterperry Gardens**	www.waterperrygardens.co.uk
❊ **Wollerton Old Hall**	www.wollertonoldhallgarden.com

Surrey

❊ **Royal Horticultural Society's Garden, Wisley**	www.rhs.org.uk/gardens/wisley

Wales

❊ **Brynkinalt Hall**	www.brynkinalt.co.uk
❊ **Cwm Weeg Garden**	www.cwmweeg.co.uk
❊ **Powis Castle**	www.nationaltrust.org.uk/visit/wales/powis-castle-and-garden

Praxiswissen für den Naturgarten

Birgit Helbig:
Mein Garten wird ein Naturgarten
ISBN: 978-3-89566-439-7

Paula Polak:
Regenwasser nutzen –
ein Geschenk für meinen Garten
ISBN: 978-3-89566-427-4

Ulrike Aufderheide:
Die Rasen-Revolution
ISBN: 978-3-89566-433-5

Brigitte Kleinod, Friedhelm Strickler:
Schön wild!
ISBN: 978-3-89566-367-3

Weitere Bücher aus dem pala-verlag

Michael Altmoos:
Besonders: Schmetterlinge
ISBN: 978-3-89566-408-3

Farina Graßmann:
Wunderwelt Moor
ISBN: 978-3-89566-431-1

Uwe Westphal:
Das große Buch der Gartenvögel
ISBN: 978-3-89566-375-8

Christof Sandt:
Kleine Anleitung
zum Gehölzschnitt
ISBN: 978-3-89566-398-7

Gesamtverzeichnis bei:
pala-verlag, Königstraße 43, 26180 Rastede, www.pala-verlag.de

Bibliografische Information der Deutschen Nationalbibliothek: Die Deutsche Nationalbibliothek verzeichnet diese Publikation in der Deutschen Nationalbibliografie. Detaillierte bibliografische Angaben sind im Internet unter http://dnb.d-nb.de abrufbar.

ISBN: 978-3-89566-445-8

www.pala-verlag.de
pala-verlag als Imprint der ökobuch Verlag GmbH
Königstraße 43, 26180 Rastede

Bildnachweis:
Seite 11: Karl Ploberger
Seite 77 (o. re.): Helene Polak
Seiten 85, 86, 87: Biotop iophotography
alle anderen Fotos und Illustrationen: Paula Polak
Umschlagfotos vorne und hinten: Paula Polak

Lektorat und Gestaltung: Angelika Eckstein

Druck und Bindung: Grafisches Centrum Cuno, Calbe
Printed in Germany

Pflichtangaben gemäß »General Product Safety Regulation« (GPSR):
Hersteller: pala-verlag, Königstraße 43, 26180 Rastede
Kontakt in Fragen der Produktsicherheit: gpsr@pala-verlag.de
Warnhinweise und Sicherheitsinformationen:
Sicherheitshinweis entsprechend Art. 9 Abs. 7 S. 2 der GPSR entbehrlich

Gedruckt auf
100% Recyclingpapier